U0193541

对龙对凤锦（战国）

"无极"锦（汉晋）

"恩泽"锦（汉）

云气树纹锦（北朝）

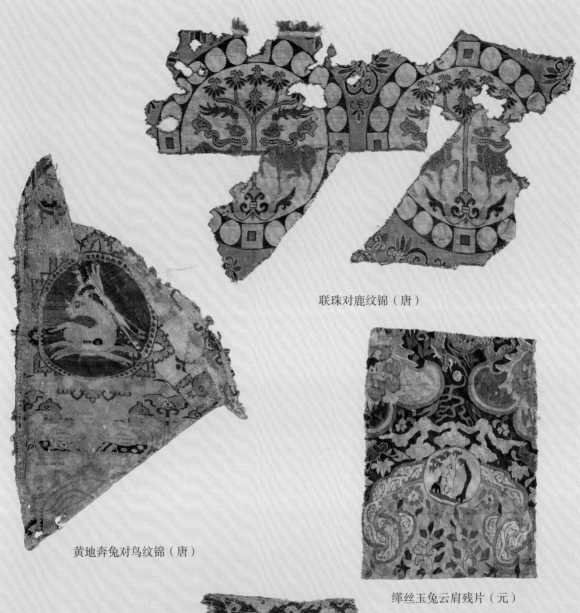

联珠对鹿纹锦（唐）

黄地奔兔对鸟纹锦（唐）

缂丝玉兔云肩残片（元）

蓝地对鹿纹锦（宋）

缂丝缠枝牡丹（元）

佛经封面（明）

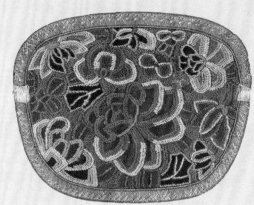

钱袋（清）

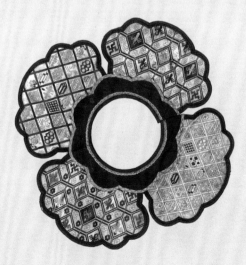

铺绒绣口围（清）

刺绣莲塘双鸭（辽）

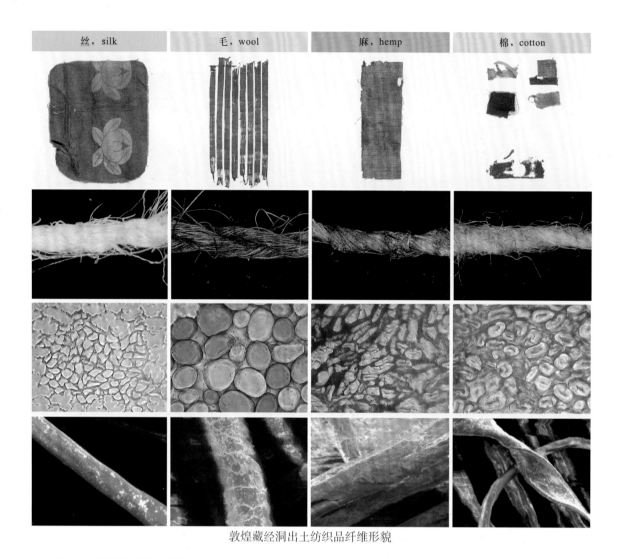

| 丝，silk | 毛，wool | 麻，hemp | 棉，cotton |

敦煌藏经洞出土纺织品纤维形貌

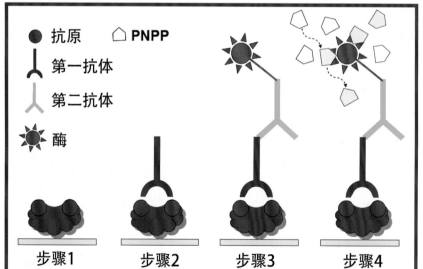

● 抗原　　⬠ PNPP

Y 第一抗体

Y 第二抗体

✺ 酶

步骤1　　步骤2　　步骤3　　步骤4

免疫学示意图

古代纺织纤维科学认知关键技术研究

周　旸　王　秉　郑海玲
彭志勤　杨海亮　贾丽玲　编著

科学出版社

北京

内 容 简 介

本书从形貌、成分、结构、产地等系统介绍纺织纤维实物和降解残留物的特征差异，为古代纺织纤维原料的科学认知提供关键技术参考。以技术的理论、方法与应用案例讲解每项技术的应用范围和技术特点，为中国丝绸溯源和纺织文化传播提供新的科学论证手段。全书共分为七章，第一章古代纺织纤维概述，概况了中国古代纺织纤维的类别和发展历程，评述了古代纺织纤维科学认知研究现状与趋势。第二章纤维形貌表征技术，从纤维的纵向形貌和横截面形貌进行了古代纺织纤维的材质鉴别与劣化评估。第三章红外光谱分析技术，从纤维一级构象和二级构象说明了不同纤维之间的结构差异，利用红外光谱劣化程度评价方法进行了古代丝绸文物劣化评估。第四章氨基酸分析技术，从氨基酸的组成说明不同纤维的氨基酸成分差异及纤维劣化后的氨基酸变化规律。第五章免疫学检测技术，介绍了酶联免疫吸附检测技术和免疫层析试纸技术在古代丝绸残留物的检测原理和方法。第六章蛋白质组学技术，选取古代蚕丝纤维特征肽段对出土丝绸进行鉴别和劣化程度说明。第七章同位素分析技术，利用轻稳定同位素样品和锶同位素分析中国不同地区的蚕丝纤维，以期应用于古代丝绸产地溯源。

本书适合广大文物保护工作者、高等院校文物保护专业师生及文物爱好者阅读、参考。

图书在版编目（CIP）数据

古代纺织纤维科学认知关键技术研究 / 周旸等编著. —北京：科学出版社，2023.10
ISBN 978-7-03-076049-4

Ⅰ.①古… Ⅱ.①周… Ⅲ.①纺织纤维–研究–中国–古代 Ⅳ.①TS102

中国国家版本馆CIP数据核字（2023）第138918号

责任编辑：樊　鑫 / 责任校对：张亚丹
责任印制：肖　兴 / 封面设计：美光设计

科 学 出 版 社 出版
北京东黄城根北街 16 号
邮政编码：100717
http://www.sciencep.com

河北鑫玉鸿程印刷有限公司　印刷
科学出版社发行　各地新华书店经销

*

2023年10月第　一　版　　开本：787×1092　1/16
2023年10月第一次印刷　　印张：12 3/4　插页：2
字数：300 000

定价：**138.00元**

（如有印装质量问题，我社负责调换）

前　　言

中国是世界文明古国，中华民族在漫长的文明进程中，凭借着幅员辽阔、纤维种类丰富及来源众多的优势，原始采集、绩麻煮葛、驯化野蚕、缫丝织绸，创造出璀璨于世的纺织文化，对人类文明进步做出了贡献。从考古出土相关史料来看，出土的纺织纤维主要有四大类：棉、麻、丝、毛，其中以丝织品最为常见。中国是丝绸的发源地，我国的丝绸产品自古就闻名于世，丰富多彩的丝绸文物负载着中国古老的文明，见证了中华传统丝绸文化的传承与发展。

以往对纺织品的研究，多集中在织物组织结构和服装形制方面，而忽略了最根本的纺织纤维。对于纺织品文物而言，开展纺织纤维的科学认知是首要的，一方面可以研究中国古代纺织原料品种分布及其应用状况，另一方面可以为后续保护工作提供依据和参考。纺织品文物由于其有机质属性，易受到光、热、氧气、微生物等外界条件的影响而发生降解，经常老化受损严重，难以辨别，甚至有很大一部分会降解而留下微痕迹，对于这些形貌损毁严重的文物，传统的鉴定手段虽然能为此类残留物的鉴别提供信息，但很难对文物做出较为精准的判断。因此，需要寻找一种更为科学高效的方法来检测鉴定这类文物。此外，准确了解纺织品文物的老化状态是实施修复保护的前提，纺织品文物的老化主要表现在外观（变色、变形、龟裂、斑点等）、物理化学性质（比重、熔点、溶解度、分子量、耐热性、耐化学腐蚀等）、机械强度（拉伸强度、冲击强度、硬度、弹性、耐磨强度等）和电性能（绝缘电阻、介电损耗、击穿电压等）等方面的变化。由于纺织品文物量少珍贵，表征手段应以无损微量为前提，特别是从分子水平能给出劣化特征及劣化程度的评估方法，对纺织品文物的老化评估及后续保护方法的选择具有实践意义。

面对古代纺织纤维科学认知关键技术这一重大命题，其内涵和外延未经过科学系统的分析、整理和研究，使得许多基本问题无法给出令人信服的答案，因此亟须研发适用于古代纺织纤维科学认知的关键技术，着重开展纺织纤维精细鉴别及产地溯源。本书尝试对古代纺织纤维科学认知的相关理论与关键技术进行总结，基于形貌观察及红外光谱、氨基酸、免疫学、蛋白质组学、同位素等技术，聚焦古代纺织纤维鉴别和劣化评估研究的重点、难点和瓶颈问题，从形貌、成分、结构、产地等不同维度构建古代纺织纤维的科学认知技术体系，并结合典型考古案例开展应用，一定程度上提高了古代纺织纤维鉴别和劣化研究的精度和深度。

本书在阐明纺织纤维科学认知技术原理的基础上，详细说明不同技术的检测分析方法和步骤，辅以案例，尽可能通俗易懂地介绍每种技术的应用场景和技术特点，供广大文物保护工作者、文物爱好者和科研工作者参阅借鉴。

本书作为一部学术性论著，虽然还有不尽如人意的地方，但是毕竟体现了古代纺织纤维科学认知的现有水平，亦属难得。由于时间仓促和编者水平有限，不妥之处在所难免，有些问题尚需进一步深入研究，在此发表现有成果，向各领域专家学者就教。

周　旸

2023年7月1日

目　　录

第一章　古代纺织纤维概述

直径在数微米到数十微米，而长度比直径大许多倍的物体称为纤维。其中具有一定的长度、细度、强度、可挠曲性和其他服用性能、可以用来制作纺织制品的纤维称为纺织纤维。纺织纤维种类繁多，古代纺织纤维大多是自然界生长或形成的天然纤维（图1.1）。

图1.1　天然纺织纤维的种类

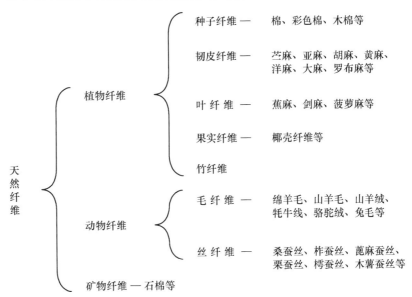

		种子纤维 —	棉、彩色棉、木棉等
		韧皮纤维 —	苎麻、亚麻、胡麻、黄麻、洋麻、大麻、罗布麻等
	植物纤维	叶纤维 —	蕉麻、剑麻、菠萝麻等
		果实纤维 —	椰壳纤维等
天然纤维		竹纤维	
	动物纤维	毛纤维 —	绵羊毛、山羊毛、山羊绒、牦牛线、骆驼绒、兔毛等
		丝纤维 —	桑蚕丝、柞蚕丝、蓖麻蚕丝、栗蚕丝、樗蚕丝、木薯蚕丝等
	矿物纤维 — 石棉等		

世界各国的纺织都是从野生纤维的利用开始，中国也不例外。我国纺织渊源古老，早在十万年前的旧石器时代中期，先民已经充分利用我国优越的自然条件，广泛采集各种可以利用的野生纤维和可能得到的动物毛发，用于制作原始的绳索和网具进行狩猎采集。这种以采集为主，对天然纺织纤维的创造性利用使人类摆脱了洪荒，开启了纺织起源。时至旧石器时代晚期，缝纫技术、搓捻线缕、编织布帛已经出现。新石器时代的先民对天然纺织纤维的认识日渐深刻，发明了纺坠和原始腰机，开始织制真正意义上的纺

织品。进入新石器时代的后半期，男耕女织原始分工出现，纺织原料的利用、原始纺织工具的制造、纺织产品的数量质量都得到长足进步。此时我国特有的丝织技术出现，蚕桑完成了野生到家养的驯化培育，人类开始栽桑育蚕缫丝织绸，养蚕技术向外传播。人类就此摆脱早期蒙昧的生活面貌，为后世纺织生产的发展奠定了坚实基础。

中国是世界文明大国，中华民族在漫长的文明进程中，凭借着幅员辽阔、纤维种类丰富、来源众多的优势，原始采集、绩麻煮葛、驯化野蚕、缫丝织绸，创造出璀璨于世的纺织文化，对人类文明进步做出了贡献。以往对纺织品的研究，多集中在织物组织结构和服装形制方面，而忽略了最本质的纺织纤维。对于纺织品文物而言，开展纺织纤维的科学认知是首要的，一方面可以研究中国古代纺织原料品种分布及其应用状况的实物依据，另一方面为后续保护工作提供依据和参考。

面对古代纺织纤维科学认知关键技术这一重大命题，其内涵和外延未经过科学系统的分析、整理和研究，使得许多基本问题无法给出令人信服的答案，因此急需研发适用于古代纺织纤维科学认知的关键技术，着重开展纺织纤维精细鉴别及产地溯源。

1.1 古代纺织纤维的类别

1.1.1 丝

我国是世界上最早发明栽桑缫丝织绸的国家，蚕丝是十分优良的纺织原料，具有强韧、纤细、光滑、柔软、耐酸等许多特点。蚕丝主要由丝素和丝胶两种蛋白质组成，和羊毛相同，它们也是由大约20种不同的 α-氨基酸缩聚而成。天然丝中除使用最多的桑蚕丝外，还有野蚕丝，野蚕丝包括柞蚕丝、蓖麻蚕丝、樟蚕丝、天蚕丝和柳蚕丝等，其中柞蚕丝是天然丝的第二主要来源，其他野蚕茧均不易缫丝。

丝是两根单丝（丝素）平行排列由丝胶黏合而成。桑蚕丝丝素截面呈不规则的三角形，丝纤维截面呈半椭圆形，自茧层外层、中层到内层，单丝三角形的高度逐渐降低，丝截面也从圆钝渐趋扁平，柞蚕丝截面比桑蚕丝截面更为扁平。生丝是由数根茧丝相互抱合并由丝胶黏合而成，其截面形状近似椭圆。

先民认为用蚕吐的丝织成的绸具有沟通人与天地的神效，《礼记》中说"治其麻丝，以为布帛，以养身送死，以事鬼神上帝"，以麻织的布用于生前服饰，而丝织成的帛则用作死后丧服，可见丝绸最早的功用可能是用于"事鬼神"，是少数阶层才有的特权。春秋战国时期，随着社会经济的发展，丝绸天人合一的观念渐渐地淡化，丝绸由于价格高昂而成为一种身份的象征，也成为人们显示其财富的物品。在"事死如事生"理念下，大量的丝织品以各种形式带入墓葬之中，成为主要陪葬纺织品。

我国古代有关蚕桑丝绸的文物、遗址遍布全国各地，如1921年辽宁省砂锅屯村的仰韶文化遗址中发掘到长数厘米的大理石制作的蚕形饰，被考古学者确认为石蚕。最早发现的中国远古丝绸的实证是1926年出土于山西夏县西阴村的半个蚕茧，1928年美国史密森学会鉴定为蚕茧，日本学者布目顺郎对之进行了复原研究，推断为桑螟茧，但池田宪司却在多次考察后认为这是一种桑蚕茧，只是当时的家蚕进化不够，茧形较小。西阴村遗址距今6000至5500年，半个茧壳的出现为人们研究丝绸起源提供了实物。1958年，考古工作者又在浙江吴兴钱山漾（今湖州市常潞乡路村）的新石器时代遗址中发现了用竹筐盛着的丝绢残片、人字纹细丝带和丝线等实物，经科学方法测定，它们是4700多年前遗留下来的文物。

1.1.2 毛

毛纤维由动物身上的毛发中取得，纺织品中使用的最多的是绵羊毛。羊毛由大约20种不同的α-氨基酸缩聚而成的蛋白质组成，不同的羊毛品种及毛纤维内部不同组织成分的氨基酸组成有所不同。羊毛纤维是一种由不溶性蛋白质角朊构成的多层次生物组织。羊毛纤维的外观几何形态是细长的柱体，具有天然的卷曲，截面形态接近圆形。纤维的外层是表皮层，内层是皮质层，粗羊毛的中心处有髓质层。

目前所知最早的毛纤维应是1972年在甘肃永昌鸳鸯池新石器时代墓地29号墓中出土的细石管内发现的黄色纤维，经鉴定为毛，年代为公元前2300至公元前2000年。在新疆小河、营盘等地都有毛织物出土，但是从文献记载来看，在中原也有使用，《诗经·王风·大车》描写河南洛阳一带时有"毳衣如炎"之句。毳衣，大夫所穿朝服，是用野兽细毛做的衣服。《诗经·郑风·羔裘》："羔裘如濡，洵直且侯。"《诗经·唐风·羔裘》："羔裘豹袪，自我人居居"，唐指的就是今山西中部。《诗经·豳风·七月》中有："无衣无褐"，褐，或用兽毛编织而成，平民所穿。《诗经·豳风·七月》中还提到陕西一带利用狐狸皮做皮裘："之日于貉，取彼狐狸，为公子裳。"《诗经·小雅·都人士》中则有"狐裘黄黄"之语。另外还有鹿裘、貂裘等，其中以狐裘、貂裘为贵重，故服用也有等级规定。《传》："羔裘以游燕，狐裘以进朝。"《笺》："诸侯之朝，缁衣羔裘，大蜡而息民，则有黄布狐裘。"狐裘为诸侯所穿之服。说明羊皮袍子和狐狸的皮毛是朝服之用。

1.1.3 棉

棉纤维是锦葵目锦葵科棉属植物种籽上被覆的种籽纤维，由胚珠（即将来的棉籽）表皮细胞，经伸长和加厚形成的。一个植物单细胞就成长成一根棉纤维，它的一端着生于棉籽表面，另一端呈封闭状。棉纤维的主要成分是纤维素，纤维素是天然高分子化合物，其分子式为$(C_6H_{10}O_5)_n$，n为聚合度，棉的聚合度在6000～11000之间。

人类利用原棉已有悠久的历史，早在公元前5000年甚至公元前7000年前，中美洲已开始利用，在南亚次大陆也有5000年历史，我国至少在2000年以前。1978年，福建省崇安县武夷山崖洞墓中发现一小块十分珍贵的青灰色布，据鉴定所用原料为棉纤维，年代为3000年前，相当于商代。在广西、云南、新疆等地区已采用棉纤维作纺织原料。起初人们并未认识到它的经济价值。《梁书·高昌传》记载：其地有"草，实如茧，茧中丝如细纩，名为白叠子。"由此可见，现今纺织工业的重要原料棉花，最初是被人当作花、草一类的东西看待的。

根据植物区系结合史料分析，一般认为棉花传入我国是由南北两路向中原传播的。南路有三条不同路径：第一条路径是印度的亚洲棉经东南亚传入海南岛和两广地区，据史料记载，至少发生在秦汉时期，之后传入福建、广东、四川等地区；第二条途径是由印度经缅甸传入云南，时间大约在秦汉时期；第三条途径是非洲棉经西亚传入新疆、河西走廊一带，时间大约在南北朝时期。北路即古籍"西域"，宋元之际，棉花传播到长江和黄河流域广大地区，到13世纪，北路棉花已传到陕西渭水流域。

历史文献和出土文物证明，中国边疆地区各族人民对棉花的种植和利用远比中原早，直到汉代，中原地区的棉纺织品还比较稀奇珍贵。唐宋时期，棉花开始向中原移植。目前中原地区所见到的最早的棉纺织品遗物，是在一座浙江兰溪南宋高氏墓中发现的一条棉毯。也就是从这时期起，棉布逐渐替代丝绸，成为我国人民主要的服饰材料。元代初年，政府设立了木棉提举司，大规模向人民征收棉布实物，每年多达10万匹，后来又把棉布作为夏税（布、绢、丝、棉）之首，可见棉布已成为主要的纺织衣料。元以后统治者都极力征收棉花棉布，出版植棉技术书籍，劝民植棉。从明代宋应星的《天工开物》中所记载的"棉布寸土皆有"，"织机十室必有"，可知当时植棉和棉纺织已遍布全国。

1.1.4　麻

麻是由植物茎杆韧皮部分形成的韧皮纤维，主要由纤维素组成，并含有硬皮和果胶、半纤维素、木质素等细胞间物质。韧皮纤维品种繁多，纺织采用较多的有苎麻、亚麻、黄麻、大麻、罗布麻等麻纤维。苎麻为荨麻科多年生草本作物，雌雄同株，喜光和温暖湿润气候，耐旱，一年可收获二三次，自古以来为我国纺织原料之一，用苎麻加工制成的苎麻布是中国传统纺织品之一。

中国关于苎麻最早的记载是《诗经·陈风·东门之池》："东门之池，可以沤纻。" 陈是今河南省南部和安徽省亳州市一带，在古豫州之界，诗中的"纻"字代指"苎"字，指的就是苎麻。到了东周时期，苎麻布的生产已有精细的规格和标准，并且明确规定了使用范围和对象，高低贵贱也有严格的区分。《周礼·地官·司徒》下篇："凡葛征草贡之材于泽农，以当邦赋之政令。"郑玄注："草贡出泽、顷，絟之属，可缉绩者。"苎麻列于被征之列，即作为赋税项目之一，当时一定有所生产。《禹贡》说："荆河惟豫州……厥贡漆、枲、絺、绤。" 1958年浙江湖州钱山漾遗址就曾出土过一些苎麻布和细苎麻绳，距今已有4000多年的历史。20世纪80年代江西贵溪龙虎山崖墓中曾发掘出土了春秋晚期至战国早期的苎麻织物，在湖南省长沙五里牌、徐家湾楚墓等也都出土过苎麻织物[1]，这些出土物都证实史料中有关种植苎麻的记载。

作为雌雄异株植物的大麻，其中雌麻的籽粒可作为粮食食用。雄麻的纤维细柔，可作为纺织原料，早在史前时期就已被利用。一般认为，大麻的起源与野生大麻有着密切的联系，我国古代就有关于野生大麻的记载，《尔雅》："薜，山麻。"即将野生大麻称为"薜"。在《诗经》中，有多首咏及大麻的诗篇，即《王风·丘中有麻》中就有对种麻的描写："丘中有麻，彼留子嗟。彼留子嗟，将其来施施。"《诗经》中还有一首《陈风·东门之枌》："不绩其麻，市也婆娑"，意为"姑娘怀春不纺麻，飘飘起舞市井间"。《越绝书》记载了越王勾践为伐吴国，曾在会稽麻林山种麻，"勾践欲伐吴，种麻以为弓弦，使齐人守之，越谓齐人'多'，故曰麻林多，以防吴"[2]。

1.1.5　葛

葛也是韧皮纤维，葛又名葛藤，属于豆科的藤本植物。葛枝长可达8米，多半生长于丘陵地区的坡地和疏林中。将葛藤放入水中煮，除去胶质，便可获得纤维。葛纤维长度为5~12mm，只能用半脱胶的方法，取束纤维纺纱。葛纤维具有良好的吸湿放湿功能，是很好的夏季衣物之原料。但唐代之后，随着棉的推广，葛纤维的利用便逐步减少。

葛是我们祖先最早利用来进行纺织的植物纤维之一，《韩非子·五蠹》称：尧"冬日麑裘，夏日葛衣"。江苏省吴县草鞋山遗址出土过6000多年前的葛纤维纺织品残片，说明史前先民已经有意识地利用它，从而使葛成为半野生状态的纤维作物。商周以后，葛逐渐成为栽培作物。

在东周时期，虽然葛织物和丝、麻织物同时并存，但丝、麻不能完全取代葛。《诗经》中涉及葛的种植和纺织的有四十多处，表明在那个时代，葛纤维是主要的纺织原料之一。这一时期尽管各地仍有采集野生葛藤的情况，但普遍已重视栽培"家葛"。在齐鲁之地，葛织物被广泛使用，甚至用来作嫁妆。《齐风·南山》中有"葛屦五两，冠緌双止。鲁道有荡，齐子庸止"，还有《曹风·蜉蝣》中有"麻衣如雪"，所描述的应该是精致的细葛布。《周南·葛覃》描写的地域在今河南洛阳至湖北北部江汉一带，"葛之覃兮，施于中谷。维叶莫莫，是刈是濩，为絺为绤。"就是对葛的种植、加工工艺过程及制作、穿着葛衣的描写，其中所谓"絺"是指细葛布，"绤"是指粗葛布。成书于战国时期的《尚书·禹贡》中有"岛夷卉服"之语，而"卉服"，汉孔安国注："南海岛夷，草服葛越。"孔颖达疏："葛越，南方布名，用葛为之。"说明在东南各岛，也有葛布生产。

1.2 古代纺织纤维的利用

1.2.1 发展演化

中国古代纺织品采用麻、丝、毛、棉的纤维为原料，纺纱后经编织和机织而成，不同时期的纺织品是衡量人类进步和文明发达的尺度之一。

中国早在新石器时代就已经掌握了纺织技术。浙江余姚河姆渡遗址（距今约7000年）发现有苘麻的双股线和蚕纹装饰；江苏吴县草鞋山遗址（距今约6000年）出土了编织双股经线的罗地葛布；河南郑州青台遗址（距今约5500年）发现了黏附在红陶片上的苎麻和大麻布纹、粘在头盖骨上的丝残片，这是最早的丝织品实物；浙江吴兴钱山漾遗址（距今5000年左右）出土了精制的丝织品残片；浙江钱山漾遗址（距今4700年左右）出土了残绢片和麻织品，表明当时的缫丝、合股、加拈等丝织技术已有一定的水平。新疆哈密五堡遗址（距今3200年）出土了首次发现用色线织成的方格彩残片；

福建崇安武夷山船棺（距今3200年）内出土了青灰色棉布和丝麻织品。这些珍贵的纺织品实物证据表明中国新石器时代纺织工艺技术已相当进步。

商周的丝织品品种较多，河北藁城台西遗址出土黏附在青铜器上的织物，已有平纹的纨、皱纹的縠、绞经的罗等；河南安阳殷墟的妇好墓铜器上的回纹丝织物残痕证明商代已有提花技术。同时，苎麻纺织已很广泛，《诗经》中就有"东门之池，可以沤麻"、"东门之池，可以沤苎"、"是刈是濩，为絺为绤"等的记载，说明在《诗经》的时代，已采用"沤制"和"煮制"方法来加工麻类纤维。这个沤麻的原理与现在完全相同。

进入春秋战国时期，丝织品更是丰富多采，湖南长沙楚墓出土了几何纹锦、对龙对凤锦等；湖北江陵楚墓出土了大量锦绣品；毛织品则以新疆吐鲁番阿拉沟古墓出土的数量最多，花色品种和纺织技术比哈密五堡遗址出土的更胜一筹。中国的南部、东南部和西北部边疆，是植棉和棉纺织技术发展较早的地区。

秦汉时，中国毛织技术已经相当成熟。新疆罗布泊出土了使用栽绒制作的彩色毛毯残片，是现今世界上最早的双面栽绒地毯文物标本。汉代纺织品以湖南长沙马王堆汉墓仅重49克的素纱单衣尤为耀眼；湖北江陵秦汉墓、湖北荆州谢家桥一号汉墓、山东日照海曲汉墓、吉林帽儿山东汉墓等均有大量丝麻纺织品出土。沿丝绸之路出土的汉代织物更是绚丽璀璨，新疆民丰尼雅遗址出土大量羊毛纺织的毛织带、地毯、蓝色斜褐、精美的缂毛残片、"延年益寿大宜子孙"锦手套和袜子等，并首次发现蜡染印花棉布及平纹棉织品。新疆营盘汉晋时期墓地处于丝绸之路关键位置，出土的纺织品既有来自中原的丝织品，又有产于中亚、西亚的装饰品，有的甚至还来自地中海地区，充分反映了古代东西方文化的交融。

到了唐宋时代，不但创新了质地坚韧的丝绒，而且缎纹地的锦也达到了相当高的水平。宋朝的纺织业已发展到全国的43个州，重心南移江浙。丝织品中尤以花罗和绮绫为最多。宋代纺织品出土文物主要有福建福州黄昇墓的织品、湖南衡阳宋墓、江苏金坛周瑀墓衣物、浙江兰溪棉毯等，宋代的棉织品得到迅速发展，已取代麻织品而成为大众衣料，松江棉布被誉为"衣被天下"。

元代纺织品以织金锦最负盛名，如新疆盐湖出土的金织金锦。元代棉花和棉布在内地广为流行，植棉和棉纺织技术逐渐传入到长江和黄河流域广大地区。元代王祯《农书》赞美棉花是"比之桑蚕，无采养之劳，有必收之效。埒之枲苎，免绩缉之功，得御寒之益，可谓不麻而布，不茧而絮"。

明清纺织品以江南三织造（江宁、苏州、杭州）生产的贡品技艺最高，其中各种花纹图案的妆花纱、妆花罗、妆花锦、妆花缎等富有特色。北京定陵首次发现单面绒和双面绒。革新家黄道婆为棉纺织技术的改进和推广做出了很大的贡献，使松江地区成为当时全国最大的棉纺织中心。

1.2.2 传播交流

世界上有三大纺织文化圈：一是以棉为主的古印度纺织文化圈；二是以亚麻和羊毛为主的环地中海地区（包括欧洲、西亚和北非）；三是中国，古代中国的纺织原料最为齐全，葛、麻、毛、丝、棉都有，并形成了独特的纺织文化——丝绸文化。

我国的纺织品特别是丝织品在世界上一直享有盛誉。远在公元前五六世纪，我国的纺织品就传到了西亚和东欧。秦始皇时有人东渡黄海到日本传授织绸技术。汉武帝时（公元前119年）张骞第二次出使西域携带了大量丝织品，促进了中外丝织技术交流，重新打通了"丝绸之路"，使我国丝绸织品源源向西方输出。对于丝绸之路上蚕丝纤维交流的研究，特别是在中印之间丝绸技术交流方面，季羡林利用中印两国的古代文献以及考古发掘的资料，在《中国蚕丝输入印度问题的初步研究》中确定了中国丝输入印度的时间、道路和过程以及输入印度后发生的作用。罗绍文也提出，新疆的蚕丝业并非是在唐代以前由我国内地传入，而应该是从古代印度传入的由人工放养的野蚕品种，只是在后来新疆和内地交流中才引入中原地区的家蚕，逐渐淘汰了印度野蚕。中国丝绸博物馆和浙江理工大学等在丝绸之路沿线出土纺织纤维研究方面开展了大量工作，通过对甘肃敦煌、新疆出土丝绸的研究，对中国早期丝纤维种类有了新的认识。在营盘魏晋时期发现出土丝纤维的形貌特征可分三类，说明在新疆当地存在着不同来源的蚕丝品种，有些来自中原，有些为当地养蚕吐丝。并从乌兹别克斯坦费尔干纳蒙恰特佩出土的纺织品发现了两种形貌迥异的丝纤维，说明来自两个不同的产地。这些新成果带来了对丝线加工和织物织造技术的新思考，说明丝绸之路上的家蚕种和蚕丝加工技术传播是一个复杂的过程。纺织品的输出到隋唐时期达到高潮，出口了许多水平很高的锦、绫、绮等不同织纹结构的丝织品，以及各种印染加工很精美的丝绢、棉布等纺织品。清嘉庆二十四年（公元1819年），我国从广州向欧美出口的南京布（松江棉布和江浙一带的紫花布）就有330多万匹之多。

　　不同的纺织纤维在过去的数千年间，通过丝绸之路不断互通融合，可以说以纺织纤维为载体的纺织交流是丝绸之路上范围最广、规模最大、时间最久的文化互动及技术交流。

1.3　古代纺织纤维科学认知研究现状与趋势

　　中华民族对纺织纤维的创造性利用以及在此过程中发展的纺织技术和养蚕技术，在世界各民族中，可以说是起源最早、范围最广的，在中华文明中处处可见纺织生产和科学技术的渗透。从技术层面来看，用科技手段研究中国本地丝纤维和丝绸生产技术始于20世纪70年代，《马王堆一号汉墓出土纺织品的研究》在方法上奠定了古代纺织文物研究的基础，是自然科学第一次系统应用于古代纺织品的研究，使用的技术手段包括形貌分析、氨基酸分析、高效液相色谱（HPLC）、X射线衍射（XRD）、傅立叶变换红外吸收光谱（FTIR）等，但基本都是从表面形貌和二级结构方面对纺织品进行分析，无法从分子水平深入探究分子轻链、重链变化，以及结晶区和无定形区的降解行为和降解速率的差异。另外，古代纺织品在长时间的埋藏过程中，受到土壤中水分、腐蚀性物质或者微生物的影响，变得糟朽、炭化、破败不堪，逐渐失去原有的实物结构，甚至降解成小分子多肽，渗入泥土中，仅为后世留下纺织品的印痕，这说明样品中会含有大量杂质，甚至掩盖蚕丝蛋白的信号，这为丝织品的研究和鉴定造成极大不便。而常规技术手段灵敏度低，特异性差，无法排除杂质干扰，对很多降解严重的样品都无法进行有效检测。因此，需要寻找更高效精准的检测手段，能够从组成复杂的样品中找到目标蛋白，实现超灵敏检测。在众多领域的新兴分析检测方法中，蛋白质组学与免疫学技术脱颖而出，成为应用前景广阔的研究手段（表1.1）。

表1.1　纺织纤维科学认知与主要技术手段

认知		分析内容	检测手段
纺织纤维	形貌	纤维纵向	扫描电子显微镜、激光共聚焦显微镜
		纤维横截面	纤维切片
	结构	一级和二级构象	红外光谱、X射线衍射、热重分析
	成分	元素	X射线荧光光谱、X射线光电子能谱
		氨基酸	氨基酸分析技术、高效液相色谱
		特征肽段	酶联免疫检测技术、免疫层析试纸技术
		蛋白质	蛋白质组学技术
	产地	^2H、^{13}C、^{15}N、^{18}O、^{84}Sr、^{86}Sr、^{97}Sr等稳定同位素	轻稳定同位素技术、锶同位素技术

1.3.1　形貌

古代纺织纤维种类主要是丝、毛、麻、棉这四大类天然纤维，由于纤维的横截面、纵向都具有其显著区别于其他纤维的特征，因此采用显微镜观察纤维横截面和纵向特征是一种有效手段。

日本学者布目顺郎所著《养蚕起源与古代丝绸》和《纤维形貌考古学》中涉及了包括正仓院所藏唐代纺织纤维和新疆楼兰等丝绸之路沿途出土的纺织纤维，通过形貌观察，并辅以XRD技术，鉴别出丝、毛、棉、麻等不同纤维品种，并在此基础上重点研究古代各个年代丝纤维的截面积变化情况及与之相对应年代蚕丝生产技术发展情况之间的关系，由此对中国蚕桑技术传入日本的路线图、日本自有蚕种的形成进行了推断。欧美也有不少学者对蚕丝纤维特别是野蚕丝纤维进行了深入的研究。美国的艾林·左德等学者采用SEM对古印度的哈拉帕文化的两个遗址（2800～1900BC）中出土的古代黄铜饰品残片上附着的纤维印痕进行了形貌研究，结果表明这些纤维有可能是琥珀蚕（Antheraea assamensis）和柞蚕（A. mylitta）所吐之丝；E. 帕纳吉奥塔克普鲁从希腊锡拉岛发现的鳞翅目蚕茧出发，对爱琴海沿岸青铜时代的丝织生产进行了探讨，并结合古希腊文献上提到科斯岛和阿莫戈斯岛上有野蚕丝的生长和利用，为研究中西文化交流提供了依据。欧美学者佩恩（Payne）试着从动物皮毛、奶制品等方面去找线索，意大利学者德拉齐奥（D'Orazio）等对维苏威火山遗址中发现的纺织品通过扫描电镜、光学显微镜、X射线衍射观测等判断了炭化的棉、羊毛、大麻、椰壳等天然纤维的存在。

　　近十多年来，中国学者对于丝绸之路沿途的毛纤维和毛纺织技术研究进一步在考古和博物馆机构之间展开合作。陕西凤翔秦公一号大墓出土纺织品中发现了羊绒纤维，新疆营盘出土了罽类毛织物、平纹类毛织物和毛絮三类毛织物，通过形貌分析和FTIR，确定了纤维种类，并通过数理统计计算出毛纤维直径的分布，通过不同类型毛织物的毛型分布、直径分布和方差计算，可以了解到当年人们已经非常了解羊毛特征和服用性能之间的关系。贾应逸等在新疆扎滚鲁克、山普拉出土毛织品（西周至东汉）鉴定中，运用扫描电镜对出土毛纤维的毛髓、类型纤维、纤维细度、纤维鳞片、形态结构进行鉴定分析。再通过与新疆现代不同产地的羊毛电镜图片进行比对、综合分析，判断出羊毛的品种。结合历史、地域、服装样式、工艺技术等多因素综合考虑，判断出毛织物的产地。上海博物馆应用扫描电镜分析羊毛纤维的组织结构、形态、纤维类型、细度，鉴定了羊毛品种，推断扎滚鲁克和山普拉墓地出土毛织物主要是用新疆羊的羊毛织制的。上海纺织科学研究院的高汉玉在湖北随州曾候乙墓出土纺织品中发现了麻丝交织物[3]。浙江理工大学的吴子婴在陕西凤翔秦公一号出土纺织品中发现了羊绒织物[4]。近年来，中国丝绸博物馆凭借着年代谱系完整的标本库优势，在纺织纤维测试方面开展了大量工作。对营盘魏晋时期的丝纤维进行了形貌分析，通过分析测试，发现出土纺织纤维样品按纤维横截面形貌特征可以分为三类：第一类是与现代桑蚕丝纤维截面积形状类似的丝；第二类是形状与桑蚕丝较接近，但纤维面积较小的小型丝；第三类是与现代桑蚕丝形状差异很大的细长丝。说明在新疆当地存在着不同来源的蚕丝品种，有些来自中原，有些为当地养蚕吐丝。对乌兹别克斯坦科学院考古研究所提供的样品进行了纤维测试，发现了两种形貌迥异的丝纤维，说明来自两个不同的产地，同时对丝纤维的截面进行了测量，发现古代丝纤维丝线细度相差很大，并且小于现代丝纤维，说明养蚕技术的不断进步。这些研究较深地揭示了古代丝纤维的内部性质，更深层次地了解了古代纺织的发展和文化传播。

1.3.2 结构

红外光谱法是化合物分子结构鉴定应用最广泛的光谱分析方法之一，由于它灵敏度高、用量少等优点在许多领域都有着重要的应用，较早时期它主要被应用与单一化合物的分析与鉴定。在野蚕丝研究方面，日本的北条舒正、小松计一对蚕丝的形成和结构，蚕丝的化学、物理性质都作了研究。国内，浙江理工大学、苏州大学、浙江大学农学院都对野蚕丝有所研究。如浙江理工大学的刘冠峰教授对天蚕丝的性状作了研究，浙江大学农学院的徐俊良等人也对野蚕丝和家蚕丝进行了光谱分析，苏州大学的潘志娟等对各种野蚕丝的结构和性能作了分析。他们指出，蚕蛾科的桑蚕丝和大蚕蛾科野蚕丝在纤维截面、红外特征峰、氨基酸成分含量以及热分解温度等都存在差异，这些条件可以作为综合分析鉴定蚕丝品种的依据。江西靖安李洲坳东周墓出土之后，北京大学考古文博学院的张小梅通过红外光谱测试了5个纺织样品，发现大部分为真丝织品，只有8号棺木出土的一个样品是麻织品。

丝蛋白二级结构中α-螺旋分子构象、β-折叠分子构象、β-转角分子构象和无规卷曲分子构象经定量计算可获得丝蛋白分子链段构象特征，利用红外光谱可评估纤维劣化程度。日本学者新井贵之研究了丝蛋白的生物降解，结果表明生物降解后的丝蛋白薄膜结晶度增加，且纤维表面粗糙度亦有所增加，通过红外光谱测量发现，降解后的丝纤维红外谱图与现代蚕丝纤维的红外谱图存在差异，降解丝纤维的重量和聚合度明显下降，而且还表明在1001cm^{-1}附近是Gly-Gly（甘氨酸-甘氨酸）肽链结构产生的特征峰，976cm^{-1}附近是Gly-Ala（甘氨酸-丙氨酸）肽链结构产生的特征峰。E. E. Peacock研究了饱水出土的纺织文物微生物降解状况及其表征，实验表明棉、麻比丝、毛更耐生物降解，其中亚麻耐生物降解程度大于棉，羊毛大于蚕丝。加尔西德等人利用偏光衰减全反射傅立叶变换红外光谱（Pol-ATR）研究传世丝织品的劣化特征，结果表明通过测定取向度指数的方法可以了解劣变程度和保存状况，为丝织品保护提供依据。王国祯等[5]通过红外光谱对不同桑丝类蚕丝和柞丝类蚕丝进行了区分；张晓梅等[6]通过分析丝织品红外光谱，对其劣化原因及程度进行了研究。研究中提供了一种半定量分析方法，1690～1600cm^{-1}处的C＝O伸缩振动峰内标谱带，劣化使丝织品的几个主要的吸收谱带相对于内标谱带的峰高均发生了变化，选择1575～1480cm^{-1}处和3300～3290cm^{-1}处的吸收峰，计算其与内标谱带的比值。张懿华等[7]在柞蚕丝织品酸碱条件下水解劣化过程的结构分析中，通过酰胺Ⅲ带确定丝蛋白的二级结构，柞蚕丝织品在不同pH值条件下的水解劣化作用表现为β-折叠结构含量下降，无规结构含量增加。研究表明红外光谱对于热、光劣化的评估不很灵敏；对于水解劣化，由于生成的羧基可从图谱上识别并进行比较，可用红外光谱技术对劣化程度进行检测，出土的古代丝织品在地下埋藏过程中，大部分都会发生或多或少的水解作用，因此红外分析法是一种研究、检测劣化程度有用的分析方法。

1.3.3　成分

1. 氨基酸分析

氨基酸分析技术始于20世纪三四十年代，是生物化学、蛋白质化学和整个生命科学研究以及质量控制、生产管理和产品开发领域中一种非常重要的分析方法和检测手段，广泛地应用于食品加工、轻工、化工、医药卫生行业的医药、食品、保健品等的分析[8]。

近年来，氨基酸分析技术在纺织品文物保护方面的应用成为学者们研究的热点，丝毛材质文物是由蛋白质组成的高分子材料，易受多种因素影响而降解劣化，氨基酸分析可以从氨基酸水平上对丝织品的劣化程度做出分析，从理论上来讲，应该比一些宏观性能更为准确、有效。玛莉·A. 贝克尔等[9]在研究美国1830～1989年历代多件第一夫人礼服保存状况中，对取自礼服样品和人工劣化样进行了氨基酸分析，对比发现酪氨酸含量可表征文物和劣化样受光劣化损伤的程度，丝胶对样品有一定保护作用；贝格赫布、伊娜·范登等对人工劣化样品进行氨基酸分析，发现天门冬氨酸与甘氨酸的摩尔比是劣化丝织品中残余丝胶量的重要指标；酪氨酸的含量可以判断劣化丝织品的保存环境。比较氨基酸含量与丝织品抗拉强度发现，丝胶不能抑制丝素的劣化降解。张晓梅等[10]以人工劣化丝织品和出土于湖北、内蒙古、青海的古代丝织品为样品进行氨基酸分析，结果表明：对于光劣化和热劣化样，丝织品强度的损失与酪氨酸含量的降低呈线性关系；水解劣化样，丝织品强度的损失与天门冬氨酸含量的降低呈线性关系。郑今欢等[11]通过显微镜观察、红外光谱、氨基酸组成分析、福林试剂分析等方法研究蚕丝丝素纤维的微结构、丝素表层和内层的结构差异，研究发现蚕丝丝素存在多层次结构，表层无定形区的比例较高，里层结晶区的比例较高。伊娜·范登·伯格[12]通过对丝织物和毛织物进行人工劣化，以模拟弗兰德壁画文物上的丝和毛，通过氨基酸分析，指出氨基酸的一些技术指标能有效在丝毛织品发生肉眼可见的破坏之前提出预警。

氨基酸是构造蚕丝蛋白的基石，通过测定氨基酸的含量对丝绸文物的蚕丝品种进行鉴定，同时可以对丝绸文物保存状况进行评估。氨基酸分析技术只需极少的样品量就可以达到分析检测要求，因此对于任何丝织品文物，采样不再艰难。通过文物样上的应用可知氨基酸分析能有效地评估丝织品劣化程度，从分子水平上给出各种劣化的特征及劣化程度，为丝织品文物后续保护方法的选择提供科学依据。

2. 免疫学分析

对于蛋白质类有机残留物鉴定的方法，目前应用较多的有两种，其一是蛋白质组学法，其二是基于抗原抗体反应的免疫学检测法。前者的基本思路是利用质谱或串联质谱技术鉴定胰蛋白酶消化后样品的多肽序列，根据序列进行蛋白质数据库搜索和同源比对确定多肽的来源，从而鉴定样品中蛋白质成分。卡罗琳·索拉佐等[13]利用该方法从阿拉斯加巴罗角出土的陶瓷碎片上鉴定到海豹的蛋白，确定了那时期人们的饮食情况；库奇瓦等[14]利用相类似的方法对古代绘画中使用的蛋白质基料进行了研究，确定了蛋清在绘画中的使用。基于抗原抗体反应的蛋白质鉴定法有酶联免疫吸附测定技术（ELISA）和免疫荧光显微技术（IFM），其基本思路都是通过抗原抗体特异结合，二抗孵育，形成抗原抗体二抗复合体，再通过检测二抗上偶联的酶或荧光确定抗原的存在，由于目标蛋白的信号受到级联放大，这种方法的灵敏度很高。库珀等[15]备针对呋喃唑酮代谢物AOZ衍生物的多克隆抗体，利用直接ELISA进行检测，IC50可以达到0.065ng/mL。这种方法对样品提取物的纯度要求不高，检测时杂质蛋白对目标蛋白影响不大，大大简化了样品前处理，非常适合考古现场的初步鉴定。阿伦·赫金博萨姆等[16]曾就其在考古应用中的优势做了十分详细的介绍。国内也曾利用该方法进行成功尝试，洪川等[17]对新疆吐鲁番鄯善苏贝希遗址出土的黑色块状残留物进ELISA分析，发现其中含有少量的牛酪蛋白。中国丝绸博物馆联合浙江理工大学在国际上率先提出采用ELISA技术对古代丝绸和毛织物进行微痕检测。通过动物免疫制备出了三种蚕丝特异性抗体和羊毛特异性抗体，采用间接ELISA和间接竞争ELISA对四种抗体特异性进行了检测，发现抗体具有很高的灵敏性和特异性。采用间接ELISA对抗体的检出限进行检测，丝素蛋白的最低检出限为0.1ng/mL，羊毛角蛋白为10ng/mL。通过在文物样品上的应用，可知蚕丝特异性抗体和羊毛抗体可用于纤维品种的大类鉴定。为了便于在考古现场应用该技术，研发了适合考古现场的古代丝绸免疫检测技术和胶体金免疫层析试纸、时间分辨免疫荧光层析试纸。

丝毛织品的本质是丝素蛋白和角蛋白，均为具有种属特异性的蛋白质，同样可以用免疫学技术对之进行识别鉴定，其基本原理是抗原抗体的特异性识别——将丝素蛋白和角蛋白视作抗原，选择合适的一级抗体与之结合，再通过酶标记或荧光标记的二级抗体将之识别，从而准确获知蛋白质成分信息。该方法体现了极大的优越性——其一是特异，确保检测结果的准确；其二是敏感，检测下限可达纳克级，所需样品量极少，对于已经严重劣化降解的丝素蛋白和角蛋白同样有效；其三是可以鉴别出生物学种属来源，如桑蚕、柞蚕、蓖麻蚕等，或者山羊、绵羊等。免疫学技术可以为早期墓葬和遗址中已经化作无形的丝绸残留物提供一种敏感、特异、快捷的辨识方法，提高考古现场有机质残留物的信息提取水平，拓展研究时空，为纺织品文物溯源和传播过程提供新的科学证据。

3. 蛋白质组学技术

蛋白质组（proteome）是一种细胞或者一种组织内的基因在某一特定条件下所表达的全部蛋白质。因此，蛋白质组学（proteomics）是研究一种生物体、器官或者细胞器中所有蛋白质的特性、含量、结构、生化与细胞功能以及它们与空间、时间和生理状态的变化[18]。蛋白质组学技术是一种具有高效性、灵敏性、高分辨率的高通量检测技术，可以同时实现对十几个复杂样品的分析检测。典型的蛋白质组学检测过程主要包括3个部分：蛋白质组的提取和分离、生物质谱检测和蛋白数据库对比与分析。生物质谱检测技术是蛋白质组学方法的重要核心。常用的质谱分析仪器主要是串联质谱仪，包括Q.Trap质谱仪、Q.TOF质谱仪、Orbi质谱仪等，各自具有不同的精确度、灵敏度和分辨率，会得到不同的MS/MS谱图，可根据检测要求进行选择。将检测到的蛋白质原始数据与蛋白质组学数据库进行对比，根据不同的要求，选择不同的数据处理软件和数据处理模块（定性或定量），调整好相应的参数，完成蛋白质的种类或丰度的检测。

随着质谱仪器及分析技术的发展，蛋白质组学技术在考古学领域中也得到一定的应用。托卡尔斯基等人[19]利用蛋白质组学技术对古代绘画作品中的成分进行分析，仅使用10μg左右的样品，成功鉴定出绘画中的卵黄和卵清蛋白（鸡蛋），这是绘画考古学历史上第一次准确确定了文艺复兴时期黏合剂中全蛋蛋白质的存在。夫劳门特等人[20]采用蛋白质组学和迭代数据库搜索策略相结合的技术，对5000年前的人类牙齿进行深入分析，结果成功检测出一对性别特异性的釉蛋白肽，可以确认古代牙齿遗骸中个体的性别。索拉佐等人[21]对公元1200～1400年的古陶瓷残片进行蛋白质组学分析，成功检测出海豹肌肉组织蛋白质的存在，这与当地古代居民的饮食习惯相符。此后，该团队又采用肽质量指纹图谱（PMF）技术，成功鉴定出古代合金铜配饰表面残留的动物纤维的种属。蛋白质组学在考古学领域中的应用，为丝织品文物的鉴定和劣化分析提供了创新的思路。

1.3.4　产地

自1912年，物理学家汤姆孙发现稳定同位素以来，同位素技术已广泛应用于医学、生物学、食品科学、环境科学、水文地质学等传统领域，近年来，甚至应用到考古学这样的非传统地学领域。

早在20世纪末便有学者提出利用同位素技术对纺织品的来源进行探索性研究，近年来，同位素技术的发展较为迅速，在考古学这种非传统领域的应用也逐渐深入，但涉及丝绸产地相关的研究，仍以理论分析为主，并没有具体实验方法及对结果的客观分析。将锶同位素特征值和轻稳定同位素结合对丝织品产地溯源进行研究是相对准确的方法体系，是科学开展纺织品文物同位素技术溯源的发展方向。

1. 轻稳定同位素

在纺织品文物相关研究中，早期有学者提出了利用氢氧稳定同位素技术追溯著名的"都灵裹尸布"（材质为亚麻）来源的可能性分析，但具体后续研究并未见报道。德国罗马-日耳曼中央博物馆的雷吉娜·纳勒与弗洛里安·斯特罗伯勒报道对中国陕西法门寺出土的唐代丝绸文物以质谱技术测定了氢、碳、氮和氧稳定同位素的相对比例，认为结果显示这些丝绸文物或蚕茧来自不同产地。该报道仍以稳定同位素进行丝绸文物溯源可能性的分析为主，并没有具体实验方法及结果的客观分析。如果没有对各种可能影响数据结果分析准确性的情况进行全面排查，即便所测试的数据显示不同的同位素特征值有差异，也并不一定就能下结论说这些丝绸文物或蚕茧来自不同产地。另外，因为缺乏可能产地的相应同位素基准值，这些所得的不同同位素特征值也仍然指示不了丝绸文物的产地信息。事实上，对于丝织品这个特殊的植物食性源的产品来说，其C、H、O等元素的同位素组成受季节和气候影响很大，同一产地可能每年甚至不同季度的数据都不一样，更不用说已经年代久远，具体季节、气候等生产条件不明确的古代丝绸。需要对古代气候变化等因素的影响进行可能的预测，尤其是在气候条件变化较小的地区，还需要其他辅助的参数。

2. 锶同位素

相比上述轻稳定同位素，在植物生长和新陈代谢过程中，稳定的锶在化学和生物学过程中，不易产生明显的同位素分馏，其变化只与不同来源的锶混合作用有关。由于不同来源的 $^{87}Sr/^{86}Sr$ 比值不同，因此，可以把锶同位素比值作为其来源的"指纹"，主要被用于古地层学、人类学研究中。

将锶同位素用于考古学中的研究者们认为，牙釉质中的锶同位素可以反映人的出生地，骨骼中的锶同位素可以反映出人的死亡地。东华大学的吴曼琳通过对锶同位素溯源的原理及目前相关研究的案例进行理论分析后，认为将锶同位素技术应用于古代毛纺织品的原材料来源研究中是可行的。

西佛罗里达大学的克里斯蒂娜·基尔格罗夫等人研究古罗马帝国人口迁移情况，对卡萨尔贝隆和卡斯特拉奇奥欧罗巴科两大型墓地进行锶同位素和碳同位素分析，并结合人类统计学家波曼等对圣岛地区古人类第一磨牙和第三磨牙的氧同位素值进行比较，对古罗马帝国人口迁移的研究有着重要的意义。近年来，丹麦哥本哈根大学纺织品研究中心的卡琳·玛格丽特·弗雷等[22]人利用现代羊毛中锶同位素比值对羊毛织物产地进行溯源可行性研究，并将他们的研究结果应用在出土于丹麦侯德瑞摩斯（Huldremose）的两个泥炭沼泽地的铁器时代的羊毛织物及植物纤维的溯源研究，研究表明不同产地羊毛的锶同位素比值有明显差异，可以指示其产地；利用氢氟酸等可以在不明显损伤羊毛纤维本身的情况下有效去除羊毛上的染色及外来杂质等，为获得准确的锶同位素特征值排除干扰。研究发现其中一个泥炭沼泽地出土的植物纤维不是当地的，里面的羊毛织物则可能来源于丹麦本地生长的绵羊，而另一个泥炭沼泽地出土的保存完好的羊毛织物上的羊毛则可能分别来自三个不同产地的羊，其中甚至有可能来自在挪威或瑞典典型的前寒武系地域。虽然涉及文物样品不是很多，但是明确了属于稀有元素痕量分析的锶同位素示踪技术在毛织品产地溯源研究领域的可行性。中国丝绸博物馆与浙江理工大学的研究者认为蚕茧中的氢氧同位素具有比较显著的线性关系，不同种类蚕茧的稳定同位素聚类结果比较清晰，但根据轻稳定同位素对地理位置较近的同种蚕茧进行聚类分析发现较难区分开，而锶同位素具有明显的地理差异性，且不易发生分馏，将轻稳定同位素和锶同位素结合是进行丝织品产地溯源的有效工具。

参 考 文 献

［1］ 中国科学院考古研究所.长沙发掘报告.北京：科学出版社，1957.

［2］ 袁康，吴平辑录.越绝书.上海：上海古籍出版社，1992.

［3］ 高汉玉，屠恒贤，徐金娣.随县曾侯乙墓出土的丝织品和刺绣//湖北省博物馆.曾侯乙墓.北京：文物出版社，1989.

［4］ 赵丰.陕西凤翔秦公一号墓出土纺织品鉴定报告.中国丝绸博物馆鉴定报告第17号，2000.

［5］ 王国祯，胡皆汉，滕瑛.丝蛋白分子的红外光谱研究.光谱学与光谱分析，1992，12（1）：35-38.

［6］ 张晓梅，原思训.扫描电子显微镜对老化丝织品的分析研究.电子显微学报，2003，22（5）：443-447.

［7］ 张懿华，黄悦，张晓梅.环境扫描电镜对不同丝胶含量的老化丝纤维的研究.电子显微学报，2008，27（3）：235-242.

［8］ 陈志慧.氨基酸分析技术的综述.广东化工，2004（2）：69-71.

［9］ Becker M A, Willman P, Tuross N C. The U.S. First Ladies Gowns: A Biochemical Study of Silk Preservation. Journal of American Institute of Conservation, 1995, 34(2): 141-152.

［10］ Zhang X M, Bergheb I V, Wyeth P. Heat and Moisture Promoted Deterioration of Raw Silk Estimated by Amino Acid Analysis. Journal of Cultural Heritage, 2011.

［11］ 郑今欢，邵建中，刘今强.蚕丝丝素纤维中氨基酸在丝素纤维的径向分布研究.高分子学报，2002（6）：143-149.

［12］ Berghe I V. Towards an Early Warning System for Oxidative Degradation of Protein Fibres in Historical Tapestries by Means of Calibrated Amino Acid Analysis. Journal of Archaeological Science, 2012, 1(39): 1349-1359.

［13］ Solazzo C, Fitzhugh W W, Rolando C, et al. Identification of Protein Remains in Archaeological Potsherds by Proteomics. Analytical Chemistry, 2000, 80(12): 4590-4597.

［14］ Kuckova S, Nemec I, Hynek R, et al. Analysis of Organic Colouring and Binding Components in Colour Layer of Art Works. Analytical and Bioanalytical Chemistry, 2005, 382(2): 275-282.

［15］ Cooper K M, Caddel A, Elliott C T, et al. Production and Characterisation of Polyclonal Antibodies to a Derivative of 3-amino-2-oxazolidinone, a Metabolite of the Nitrofuran Furazolidone. Analytica

Chimica Acta, 2004, 520(2): 79-86.

［16］ Heginbotham A, Millay V, Quick M. The Use of Immunofluorescence Microscopy (IFM) and Enzyme-linked Immunosorbent Assay (ELISA) as Complementary Techniques for Protein Identification in Artists' Materials. Journal of the American Institute for Conservation, 2006, 45(2): 89-105.

［17］ 洪川，蒋洪恩，杨益民，等. 酶联免疫吸附测定法在古代牛奶残留物检测中的应用. 文物保护与考古科学，2011，23（1）：25-28.

［18］ Milan J A,Wu P W, Salemi M R, et al. Comparison of Protein Expression Levels and Proteomically-inferred Genotypes Using Human Hair from Different Body Sites. Forensic Science International: Genetics, 2019, 41: 19-23; Liu Z, Zhou Y, Liu J, et al. Reductive Methylation Labeling, from Quantitative to Structural Proteomics. Trends in Analytical Chemistry, 2019, 118: 771-778; Wasik A A, Schiller H B. Functional Proteomics of Cellular Mechanosensing Mechanisms. Seminars in Cell &Developmental Biology, 2017, 71: 118-128; 杨倩，王丹，常丽丽，等. 生物质谱技术研究进展及其在蛋白质组学中的应用. 中国农学通报，2015，31（1）：239-246; Guo X M, Dong Z M, Zhang Y, et al. Proteins in the Cocoon of Silkworm Inhibit the Growth of Beauveria bassiana. PLOS ONE, 2016, 11(3): 1751-1764; Bai Z G,Ye Y J, Liang B,et al. Proteomics-based Identification of a Group of Apoptosis-related Proteins and Biomarkers in Gastric Cancer. International Journal of Oncology, 2011, 38(2): 375-383; Laville E, Sayd T, Terlouw C, et al. Comparison of Sarcoplasmic Proteomes Between Two Groups of Pig Muscles Selected for Shear Force of Cooked Meat. Journal of Agricultural and Food Chemistry, 2007, 55(14): 5834-5841.

［19］ Tokarski C, Martin E, Rolando C, et al. Identification of Proteins in Renaissance Paintings. Analytical Chemistry, 2006, 5(78): 1494-1502.

［20］ Froment C, Hourset M, Sáenz-Oyhéréguy N, et al. Analysis of 5000 Year-old Human Teeth Using Optimized Large-scale and Targeted Proteomics Approaches for Detection of Sex-specific Peptides. Journal of Proteomics, 2020, 211: 533-548.

［21］ Solazzo C, Fitzhugh W W, Rolando C, et al. Identification of Protein Remains in Archaeological Potsherds by Proteomics. Analytical Chemistry, 2008, 80(12): 4590-4597.

［22］ Knaller R, Ströbele F. The Heritage of Tang Dynasty Textiles from the Famen Temple, Shaanxi, China: Technological and Stable Isotope Studies. Studies in Conservation, 2014, 59(sup1): 62-65.

第二章 纤维形貌表征技术

形貌观察是古代纺织纤维最为常见的测试方法，具体包括纤维纵向形态、截面形貌等。天然纺织纤维的微观形貌各有特征，可以通过光学显微镜或扫描电子显微镜进行观察。

2.1 纤维形貌表征原理

2.1.1 纤维鉴别

根据各种纤维纵向和横截面的不同形态特征（表2.1，图2.1），可鉴别天然纺织纤维的品种，采用此法鉴别纤维品种直观、高效[1]。

表2.1 不同种类纤维的纵、横向形态特征

纤维	纵向形态	横截面形态
桑蚕丝	平滑	不规则三角形
柞蚕丝	平滑	扁平不规则三角形
绵羊毛	鳞片大多呈环状或瓦状	近似圆或椭圆形，有的有毛髓
山羊绒	鳞片大多呈环状，边缘光滑，间距大，张角小	多为较规则的圆形
棉	天然转曲	腰圆形，有中腔
苎麻	有横节竖纹	腰圆形，有中腔，腔壁有辐射状裂纹
亚麻	有横节竖纹	圆形或扁圆形
黄麻	有横节竖纹	带有圆形中腔的多角形，并以细胞间质相黏结
大麻	表面粗糙，有缝隙、孔洞及横向枝节，无天然转曲	不规则圆形或多角形

图2.1　不同种类纤维的横截面形貌特征

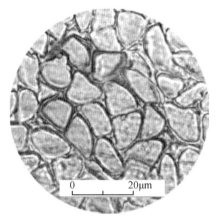

a. 丝：横截面照片（×1000）

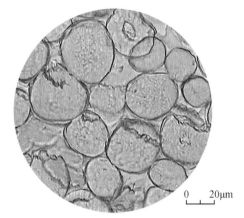

b. 毛：横截面照片（×1000）

c. 棉：横截面照片（×1000）

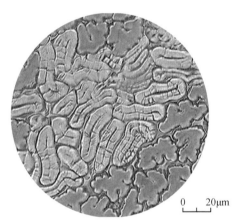

d. 苎麻：横截面照片（×1000）

　　蚕丝的不同品种之间截面形态各有差异，相对于家养桑蚕丝，其他品种的蚕丝横截面形状更为狭长，尤其琥珀蚕丝，相对其他非家蚕丝来说其形状较为扁平狭长，而野蚕丝截面积较大，截面主要是不规则三角形，天蚕丝横截面图片，截面形状与柞蚕丝比较相似，但其截面积较小，截面如图2.2所示。

　　形貌参数的统计分类有助于得到更为准确的判断结果。以蚕丝为例，家蚕丝的平均截面积是138.52μm^2，与非家蚕丝相比截面积尺寸最小，而柞蚕丝的截面积达到了450.58μm^2，天蚕丝和蓖麻蚕丝的截面积在非家蚕丝中是相对较小的；蚕丝扁平度表征指标的值越小，表示圆整度越低蚕丝越扁平，从表中（表2.2）看出扁平度的值从大到小依次排列为：桑蚕丝＞蓖麻蚕丝＞野蚕丝＞天蚕丝≈

图2.2　不同种类蚕丝的横截面图片

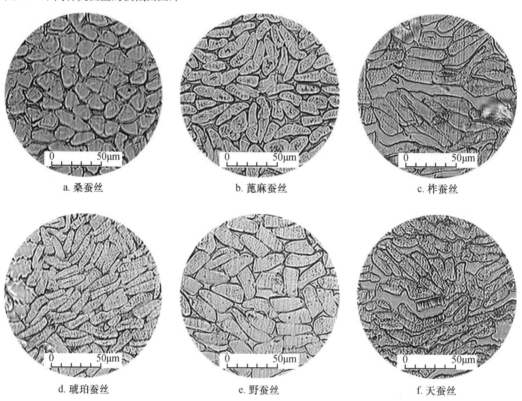

a. 桑蚕丝　　　　　　　　　b. 蓖麻蚕丝　　　　　　　　　c. 柞蚕丝

d. 琥珀蚕丝　　　　　　　　e. 野蚕丝　　　　　　　　　f. 天蚕丝

柞蚕丝＞琥珀蚕丝，即桑蚕丝最饱满，次之为蓖麻蚕丝，天蚕丝和柞蚕丝扁平指标相当，琥珀蚕丝最扁平。蚕丝圆整度表征指标的值越小同样表明蚕丝的圆整度越低即越扁平，从表中看出圆整度的值从大到小依次排列为：桑蚕丝＞蓖麻蚕丝＞野蚕丝＞天蚕丝~柞蚕丝＞琥珀蚕丝，变化趋势基本与蚕丝扁平度表征指标的值相一致，在非家蚕丝中蓖麻蚕丝圆整度最高，野蚕丝次之，天蚕丝和柞蚕丝圆整度相当，而琥珀蚕丝圆整度最低，从整体来看家蚕丝的圆整度较非家蚕丝高，这与幼蚕所处的环境、绢丝腺的结构和尺寸等有着密切的关系，而这种纤维的高圆整度直接赋予了纤维强而有力的可织造性能，且能使织成的织物更富有光泽（扁平度和圆整度的计算方法见2.2.1节）。

表2.2 不同种类蚕丝的表征指标值

蚕丝品种	长径（μm）	短径（μm）	扁平度	截面积（μm²）	圆整度
桑蚕丝	17.36	11.65	0.68	138.52	0.60
蓖麻蚕丝	23.76	12.03	0.51	213.03	0.49
柞蚕丝	40.97	13.55	0.34	450.58	0.35
琥珀蚕丝	30.95	9.83	0.32	242.38	0.33
野蚕丝	35.46	14.36	0.41	407.18	0.42
天蚕丝	28.35	9.52	0.34	221.60	0.36

毛纤维随品种的不同会有很大区别，但是鳞片层从组成和尺寸来看，差异不大。一般一个鳞片细胞的长和宽都是28~70μm，厚度为0.5~6μm。毛纤维表面鳞片特征主要有高环状、扁环状、瓦状、斜状、直梯形、斜瓦状、波纹状、叶片状和V字形等，随品种不同，比例也具有一定差异。

从横截面形貌上看，古代几种常见纺织毛纤维中，绵羊毛和牦牛毛的髓腔最小，山羊毛和骆驼毛的髓腔稍大（图2.3）。

目前已有大量关于通过扫描电镜对动物毛纤维超微结构的分析研究，随着纺织纤维超微结构研究的不断深入，通过动物毛纤维的纵向形貌可以获得鳞片高度、鳞片翘角等相关参数，以此作为不同种属鉴定的依据（图2.4）。

2.1.2 纤维劣化评估

扫描电子显微镜（SEM）分析所需样品量少，基本满足无损分析要求，且其测试结果能给予最直观的视觉呈现，是目前对于材料微观结构与形貌进行观察的重要研究方法，广泛运用于生物学、材料学等学科研究中。扫描电镜的运用范围虽然广泛，但其大多只能用于定性分析，无法对检测结果进行定量，故该测试方法需要与其他分析手段结合运用。

此外，光学显微镜同样因所需样品量少、观测结果直观，在纺织品文物保护领域得到广泛的应用。在研究过程中，可以兼用扫描电子显微镜与光学纤维镜，观察分析纤维在受到外界作用而逐渐劣化的形貌变化。

图2.3　不同种类毛纤维的横截面图片

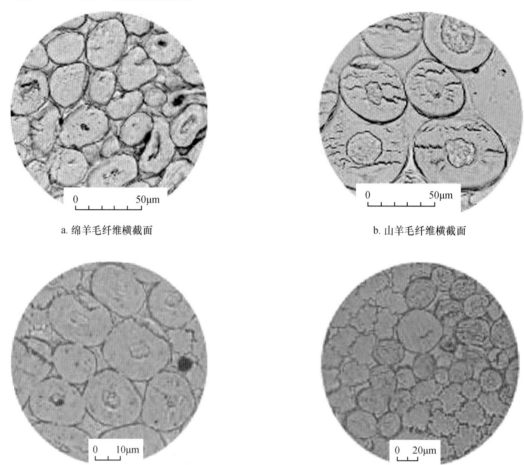

a. 绵羊毛纤维横截面　　　　　　　　　　　　b. 山羊毛纤维横截面

c. 骆驼毛纤维横截面　　　　　　　　　　　　d. 牦牛毛纤维横截面

　　张晓梅等[2]曾利用SEM对人工劣化蚕丝纤维的断口状态进行观察，并对照赫勒教授提出并得到较多专业内人事认可的断口类型分类理论，比较人工劣化蚕丝纤维和文物纤维的断口差异，认为蚕丝文物织品的劣化由多种因素综合作用共同引起，宏观方面观察到的断口形态、裂隙数量都是蚕丝织品相对劣化程度的重要参考指标。王芳芳等[3]利用SEM对在人工加速劣化处理过程中柞蚕丝的形貌变化进行了研究，柞蚕丝纤维的形貌随着劣化程度的加剧，微观形貌有明显变化。张懿华等[4]研究认为，丝胶含量不同的蚕丝纤维经过劣化后，其相互之间的抵抗外界破坏作用的能力会有所不同，并在劣化后样品之间的形态特征差异性较大；丝胶比丝素结构松散，更容易被劣化，劣化现象丰富，受到外界作用时，还会对纤

图2.4　不同种类毛纤维的纵向形貌特征

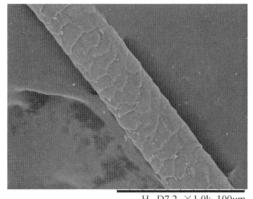

H　D7.2　×1.0k　100μm

a. 绵羊毛纤维鳞片形貌

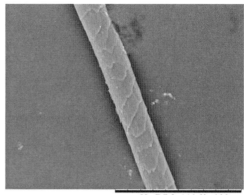

H　D7.3　×1.0k　100μm

b. 山羊毛纤维鳞片形貌

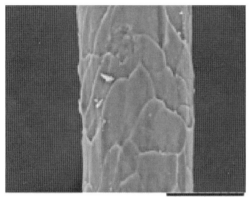

H　D6.4　×2.0k　30μm

c. 骆驼毛纤维鳞片形貌

H　D6.7　×2.0k　30μm

d. 牦牛毛纤维鳞片形貌

维内部的丝素起到一定的保护作用。

对毛织品表面纤维在高放大倍数下进行形貌分析[5]，结合纤维横截面信息，可以从形貌的变化来了解毛纤维的直径，鳞片的形貌、分布及劣化情况[6]。出土的纺织品文物在埋藏中可能受到地下水或者其他污渍的污染，使得纤维表面有结晶物存在，在用电镜观察的同时应对样品表面的结晶物进行能谱分析，测试结晶物成分，讨论出土毛织品劣化的原因。

2.2　纤维形貌表征方法

2.2.1　纤维切片法

观测纤维横截面形貌需要制作纤维切片。制作纤维切片的方法较多，通常使用哈氏切片器可制得厚度约为20μm的纤维切片。对于年代久远的纺织品，因其较脆弱，制作切片前需用固定剂进行包埋。

哈氏切片法：哈氏切片器（图2.5）的结构由精密螺丝、精密螺座、固定螺丝等部分组成。使用时，应使精密螺座上之精密螺丝所控制的塞块完全脱离两金属板之间的方孔，把精密螺座中间的固定螺丝松开，拔出定位销子，将精密螺座旋转90°，并把两金属板分开。将待测纤维整理整齐，夹入金属板凹槽中，微量的纤维样品可包在粘胶或羊毛纤维中夹入金属板凹槽中。把两块金属板组合好，用刀片将金属板两侧露出的纤维切去，再把精密螺座恢复原状并固定好固定螺丝。旋转精密螺丝，使纤维被塞块顶出金属板表面约10~20μm，在其表面涂上一层5%火棉胶溶液，待其试剂蒸发形成薄膜后，用刀片将薄膜和黏附在薄膜上的纤维切下，形成切片。在载玻片上滴加微量甘油，用镊子夹取切片放在甘油上，盖上盖玻片后放置于显微镜的载物台上便可进行观察。

纤维横截面观察实验方法：哈氏切片法的分析仪器为光学生物显微镜。在样品中拆分出经线和纬线，用细针轻拨其表面以去除杂质，整理成平直状，采用上述哈氏切片法制作切片，将制作好的切

图2.5 哈氏切片器

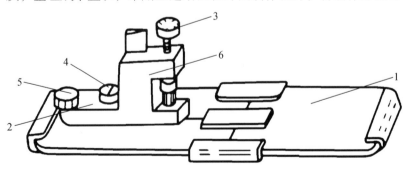

1、2.精密螺座　3.精密螺丝　4.固定螺丝　5.定位销　6.螺丝座

片放置在万能显微镜的机械载物台上，在低放大倍数下将所要观察的样品放在视野的中间，综合调节亮度、焦距、视场光阑以及光圈的大小，使图片质量达到最佳效果，转动微调旋钮后分别进行不同放大倍数的截面观察和图像采集（图2.6）。

蚕丝纤维扁平度、圆整度测试方法：为了得到蚕丝横截面扁平度、圆整度表征指标的大小，可采用显微镜自带的显微粒度分析仪软件测量蚕丝长、短径以及截面积的尺寸（每一种样品均随机选择50根蚕丝），假设蚕丝的长径为a、短径为b、截面积为c，那么扁平度的值=b/a，圆整度的值=$4c/\pi a^2$，由此可知，在c一定的情况下，若b越小，a越大，则表示蚕丝越扁平，相反则蚕丝越圆整。

图2.6　显微镜工作原理图

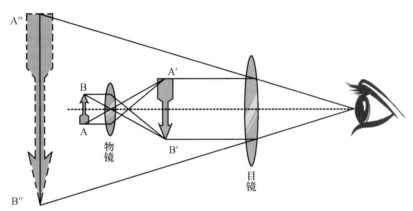

2.2.2　扫描电镜法

扫描电子显微镜是观察纤维微观结构的常用工具之一，采用电子显微镜可获得分辨率好、清晰度高、立体感强的显微图像[7]。由于纤维大都是非导电的高分子材料，为防止或减少样品充电，获得清晰的二次电子像，需对样品表面喷镀导电金属。

扫描电镜观察法：在样品中拆分出经线和纬线，用细针轻拨其表面以去除杂质，沿着纤维轴将纤维分开并将之平直地排在具有胶性的金属板表面，然后对样品进行表面喷金处理，放至扫描电镜内对样品进行图像采集（图2.7）。

图2.7 不同种类纤维的纵向形貌特征

a. 丝：纵向电镜照片（×2000）

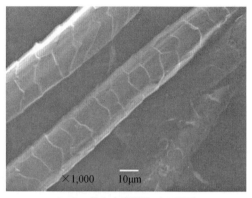

b. 毛：纵向电镜照片（×1000）

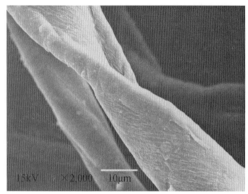

c. 棉：纵向电镜照片（×2000）

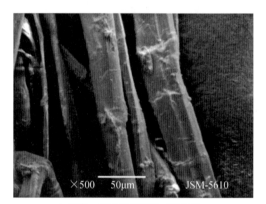

d. 苎麻：纵向电镜照片（×500）

2.2.3 激光共聚焦显微法

毛的形态结构对种间差异性及分类学具有重要意义，在实际检测中，鳞片翘角等三维数据解析可以为毛纤维形态结构提供更加准确的分类结果。

激光扫描共聚焦显微法：采用激光作为光源，在传统光学显微镜基础上采用共轭聚焦原理和装置，并利用计算机对所观察的对象进行数字图像处理的一套观察、分析和输出系统。传统的光镜是在场光源下一次成像，标本上每一点的图像都会受到相邻点的衍射光和散射光的干扰。激光共聚焦显微镜脱离了传统光学显微镜的场光源和局部平面成像模式，采用激光束作光源，激光束经照明针孔，经由分光镜反射至物镜，并聚焦于样品上，采用点扫描技术将样品分解成二维或三维空间上的无数点，用十分细小的激光束（点光源）逐点逐行扫描成像，再通过微机组合成一个整体平面的或立体的像（图2.8）。激光共聚焦显微法一方面能提高光学成像的分辨率，另一方面基本无须制样，大尺寸样品甚至可直接观察，不需要做导电处理，不消耗样品。

　　通过三维构建实现对毛纤维鳞片的翘角、厚度、直径、密度、间距的测量，将待测样品置于载物台上观测，可在电脑端实时同步获取毛纤维鳞片各参数，如图2.9所示，图中线条可任意拖动，即可显示出视野范围内不同部位鳞片测量值；显示三维纵切面的图形，即可进行测试。古代常见纺织毛纤维鳞片参数如表2.3所示。

图2.8　激光共聚焦显微形貌成像原理示意图

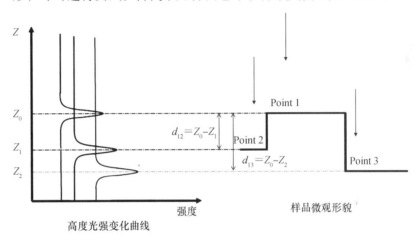

图2.9　激光共聚焦显微镜测量绵羊毛鳞片翘角

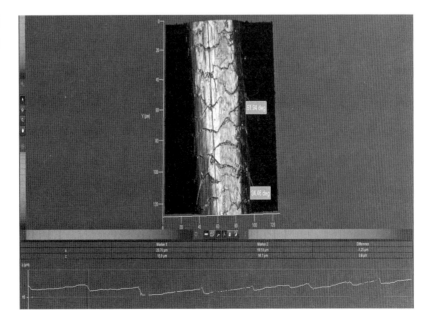

表2.3　不同种类毛纤维的鳞片层特征

编号	样品	鳞片					
		直径（微米）	翘角（度）	厚度（微米）	间距（微米）	径间比	线密度（个/100微米）
1	山羊	65—76	23.0 ± 2	0.42—0.48	14.2—16.4	4.6 ± 0.5	6 ± 2
2	绵羊	58—68	28.0 ± 2	0.46—0.64	13.3—19.2	3.6 ± 0.5	5 ± 2
3	骆驼	63—73	31.0 ± 2	0.35—0.39	11.2—13.3	5.6 ± 0.1	15 ± 2
4	牦牛	44—54	31.0 ± 2	0.45—0.48	9.1—11.2	4.9 ± 0.1	16 ± 2

2.2.4　纤维人工模拟劣化方法

（1）用一定规格的蚕丝织品作为人工劣化实验样品，织物规格见表2.4。实验测试前，先将蚕丝织物裁剪成符合实验要求的规格［15.0cm（经向）×3.5cm（纬向）］，用样品袋密封避光保存待用。

本章所示例的劣化实验设备为氙灯老化箱，实验仓中的劣化辐照度设置为1.10W/cm²，设置不同的仓内温度以及相对湿度（表2.5），对蚕丝织品进行加速光处理，每组劣化条件的实验周期均为20天，每两天取一次样，将样品密封保存，待检测分析。

表2.4　人工劣化丝织品规格

织物品号	内、外门幅（厘米）	经纬密（根/10厘米）	纱线组合（经）	纱线组合（纬）	组织	后处理工艺
11160	112/113.5	750/410	2/20/22D	3/20/22D	平纹	练白

表2.5　光劣化处理条件

光处理组编号	处理温度（℃）	处理相对湿度（%）
G1	50	干
G2	50	50%
G3	50	70%
G4	70	10%~15%（无法控制在完全干燥状态）
G5	70	50%
G6	70	70%

（2）使用中华人民共和国国家标准贴衬织物（上海市纺织工业技术监督所），符合GB/T 7568.1—2002标准[8]的毛织品作为实验样本，经纬纱原料为澳洲美利奴羊毛，纤维平均直径在18.5～19.7μm之间。实验前将织物裁剪成3.0cm（纬向）×15.0cm（经向）的样条，放入密封的蓝盖瓶中在烘箱中进行热劣化，设置75℃、100℃、150℃三种不同的温度条件。本研究所使用的毛织物相关参数如表2.6所示。

表2.6　人工劣化毛织品规格

捻度（经纬相同）		密度		整理
单纱捻度（捻/10厘米）	股线捻度（捻/10厘米）	经密（根/10厘米）	纬密（根/10厘米）	不烧毛、连续洗涤、热水定型，缓和烘燥、气蒸扩幅
62	60	210±5	80±5	

2.2.5　纤维劣化的形貌表征评估方法

1. 蚕丝纤维的横截面形貌分析

纤维横截面微观形貌的观察虽然无法定量表征样品的劣化程度，但测试所需样品量少，对样品织物损伤不大，最重要的是能以较为直观的方式表现纤维真实形态的变化过程。

由图2.10中可以看出，未经劣化处理的丝纤维横截面饱满，三角形形态完整，边缘光滑、清晰，不存在明显的裂隙。图2.11为蚕丝织品在不同光劣化条件下劣化2天、10天、20天的横截面图，与原样相比，各劣化条件下，劣化样品的纤维横截面面积都有所减小，且部分纤维的三角形截面形态被破坏，说明纤维表面及其内部都有劣化现象。劣化2天时，纤维横截面面积就急剧下降，有少量纤维横截面内部出现裂痕，另外还有少量纤维的三角形截面形态被破坏；劣化时间延长到10天时，纤维被腐蚀得更严重；当劣化时间达到20天时，样品手感变硬，横截面切片实验难度加大，由图2.11表明，各劣化条件下纤维的横截面内部出现大量不同程度的裂痕，丝纤维三角形截面的完整性被严重破坏。

图2.10　蚕丝纤维原样
（未劣化处理）横截面
形貌

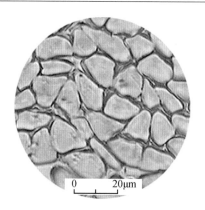

图2.11　不同光劣化样品随劣化时间的横截面变化图

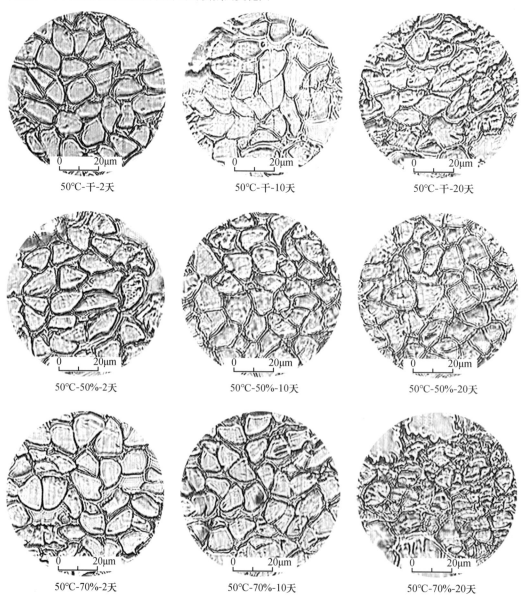

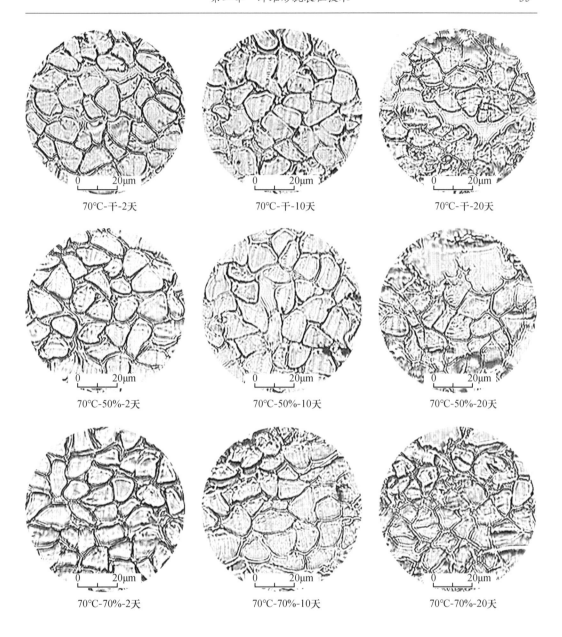

70℃-干-2天　　　　　　　　70℃-干-10天　　　　　　　　70℃-干-20天

70℃-50%-2天　　　　　　　70℃-50%-10天　　　　　　　70℃-50%-20天

70℃-70%-2天　　　　　　　70℃-70%-10天　　　　　　　70℃-70%-20天

2. 蚕丝纤维的纵向形貌分析

利用扫描电镜法，可以观察纺织纤维由于埋藏环境影响导致的形貌变化。如图2.12所示，未经光劣化处理的蚕丝织品纵向表面光滑，基本没有明显断口和裂隙，但由于蚕丝在经缫丝、织造、染整等加工过程中难免也会造成纤维的少量损伤，故其丝织物原样的扫描电镜图中偶有出现少量裂纹也属于正常现象。图2.13为蚕丝织品在各温湿度条件下光劣化20天的扫描电镜图，从图中可以明显观察

图2.12　蚕丝织品原样（未劣化处理）扫描电镜图

N D5.6 ×1.0k 100μm

到随着温度的升高，蚕丝织品的劣化越来越严重，如图2.13-d、e、f中的劣化程度比图2.13-a、b、c的劣化程度要剧烈。此外，通过比较不同湿度下的蚕丝织品扫描电镜图可以发现，湿度较小时，如图2.13-a和图2.13-d，纤维的断裂面与纤维轴向的夹角较大，几乎接近于垂直，且断裂面也比较干脆、平滑；而随着湿度的增加，纤维断裂面开始倾斜，即断裂面与纤维轴向的夹角变小，且断裂面呈现出不规则的形态。

3. 毛纤维的横向形貌分析

图2.14为毛织品原样及热劣化20天的横截面切片图。其中图2.14-b、d、f与图2.14-a比较发现，随着干热劣化温度的提高，截面边缘开始变得不清晰，但横截面都为完整的圆形或椭圆形。环境湿度增加，纤维与纤维间的界限变得不清晰，由图2.14-c可以看出75℃湿热劣化20天时纤维间开始出现粘连；温度升高，100℃湿热劣化20天时纤维与纤维间大量粘连，基本看不出纤维间的界限。

4. 毛纤维的纵向形貌观察

图2.15为毛织品原样及热劣化20天的扫描电镜图。图2.15-b、d、f为毛样品的干热劣化电镜图，跟图2.15-a原样相比，个别鳞片出现破损和翘起，且随着温度升高破损处增多。湿度增加。75℃干热处理20天样品的鳞片表层受到了一定程度的破坏，鳞片边缘部分受到损伤多为锯齿形；100℃干热处理20天样品受到了严重破坏，

图2.13　光处理20天的蚕丝织品扫描电镜图

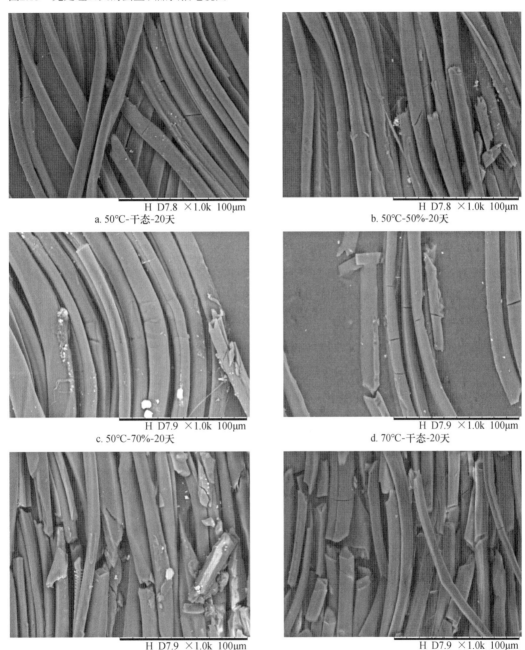

a. 50℃-干态-20天

b. 50℃-50%-20天

c. 50℃-70%-20天

d. 70℃-干态-20天

e. 70℃-50%-20天

f. 70℃-70%-20天

图2.14　毛织品热劣化20天的横截面切片图（500×）

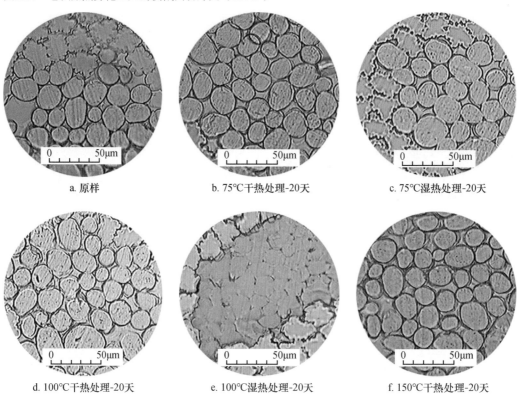

a. 原样　　　　　　　b. 75℃干热处理-20天　　　　c. 75℃湿热处理-20天

d. 100℃干热处理-20天　　e. 100℃湿热处理-20天　　　f. 150℃干热处理-20天

纤维表面出现颗粒物，鳞片受损，纤维间出现黏结，横向开始出现断裂。

相同的劣化时间下，温度越高，毛纤维表面鳞片损伤越大。在干热劣化条件下，毛纤维鳞片损伤较小；提高环境湿度，会在一定程度上加速劣化，温度较低时鳞片受损为锯齿状，温度较高，纤维纵向黏结，横向出现断裂。

2.3　应　　用

2.3.1　甘肃敦煌莫高窟出土纺织品纤维材质鉴别

敦煌的纺织考古发现，集中于20世纪之初敦煌藏经洞的发现、新中国成立后为清理流沙加固洞窟及全面清理而进行的考古发掘。

图2.15　毛织品热劣化20天的扫描电镜图（1000×）

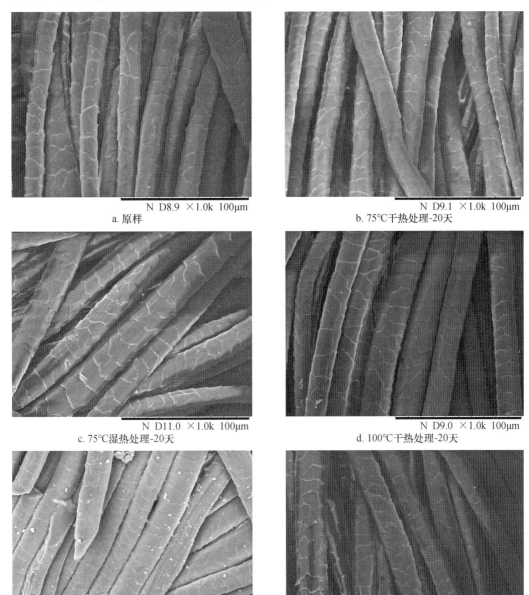

N D8.9 ×1.0k 100μm
a. 原样

N D9.1 ×1.0k 100μm
b. 75℃干热处理-20天

N D11.0 ×1.0k 100μm
c. 75℃湿热处理-20天

N D9.0 ×1.0k 100μm
d. 100℃干热处理-20天

N D9.4 ×1.0k 100μm
e. 100℃湿热处理-20天

N D11.0 ×1.0k 100μm
f. 150℃干热处理-20天

1900年藏经洞重现于世，洞中的各类纺织品文物在以后的岁月里大多数流散海外。1965年，在第125和126窟前发掘出一幅北魏时期的刺绣品，同年在第130窟窟内和第122、123窟窟前两处，分别发现盛唐时期的纺织品五十余件。1988至1995年间，在莫高窟北区还出土了一批隋末唐初至元代的纺织品。这些织物的发现，为藏经洞的丝织品研究提供了更多的依据和参考。敦煌纺织品的发现，是吐鲁番墓地、法门寺地宫、青海都兰吐蕃墓之外中古时期纺织品的集中遗存。以往多见于历史文献的纺织材料，基于敦煌莫高窟出土的纺织品得以证实。

1. 丝

敦煌经济社会文书中经常可见各类丝织品的登录，如《辛卯年（公元991年）十二月十八日当宅现点得物色历》[伯4518（28）号]上的载录，丝织品的品种花色就极为繁多[9]，这其中有红绮、龙黄绫、黄御绫、黄楼绫、银褐绫、黄黑花绫、天净纱、锦、大白绫、天净纱、白罗、花融（隔）织、定绫、白黑花绮、紫绮、黄绮、紫大绫、紫绫、紫纱、白御绫、花官絁、白熟绫子、碧绫子、生（绢）、缬、青绢、绯绢、黄绢紫绢、白熟绢等。绫、绮、纱、罗、锦、绢、缬、絁，当时流行的丝织品种可说是大体具备，而除了缬的材料未定之外，其他无疑都是丝织物。敦煌文书中提到的丝织品虽然数量巨大，但敦煌当地的丝织业其实并不发达，大部分应该是来自内地。

从实物来看，莫高窟藏经洞所出大多为丝织品，南区第130窟和第122、123窟等处发现的北魏和盛唐时期的刺绣和彩绮大多也是丝织品。但从北区出土的织物其材质就比较复杂，对其中一件紫绢残片样品S2-1进行了分析检测。其组织结构为平纹，通过对纤维截面的形貌观察，可以发现具有典型的桑蚕丝特征（图2.16）。

2. 麻

唐末五代宋初的敦煌地区，麻主要有黄麻（今胡麻）、油麻（今芝麻）和大麻（含雌雄异株），它们均属于农作物种植的重要组成部分。迄至西夏元明清时，敦煌民众的穿衣布料虽逐步转向棉

图2.16　样品S2-1纤维形貌特征

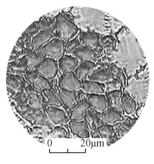

0　　20μm

H　D3.9　×2.0k　30μm

　　a.织物图像　　　　　　b.纤维截面形貌（1000×）　　　　c.纤维纵向形貌（2000×）

质布，但在其他许多方面仍大量使用各种麻及其制品。因此，麻在古代敦煌经济文化中扮演着重要角色。

　　唐末五代宋初的敦煌，麻纤维主要用作织布、织履，把麻织品作为施舍物、捐助物、课税物和交易货币。同时，麻也作为造纸原料，用以制造各类麻纸，敦煌文书中的很大部分即用麻纸书写。中古时期的敦煌佛教兴盛，佛事频繁。藏经洞所出大量的佛经、法物、经幡、供养画等，正是这一实况的反映。而在敦煌所出的诸多法物中，供养画、经幡就有许多以麻布制成，据统计，藏于国外的麻布画有126幅。在敦煌文书中，我们也可以看到麻布的使用。如《申年比丘尼修德等施舍疏》（伯2583号）就见证了当时各种密度麻布的存在，文书有谓：“亡尼坚正衣物，八综布七条袈裟并头巾覆博一对，黄布偏衫一，单经布偏衫一，夹缘坐具一，单缘坐具一，赤黄九综布八尺，八综一匹四十八尺，槐花二升半。右通坚正亡后，衣物如前，请为念诵。申年正月十七日寺主戒倩疏。”文书中的综，即为緵，一緵为八十缕。敦煌文书中还有麻纤维加工相关的记载，《沙州图经》（伯2005号）中所载三所泽下，其“卌里泽”条载：“东西十五里，南北五里，右在州北卌里，中有池水，周回二百步，堪沤麻，众人往还，因里数为号。”据此记载，可知敦煌当地有麻纤维加工利用的存在[10]。

　　在敦煌莫高窟出土的纺织品中，的确也发现了麻布的存在。对一件麻织物纤维样品S2-2进行检测，考察其截面和纵向形貌特征，大致可以判定其属大麻一类纤维（图2.17）。

图2.17　样品S2-2纤维形貌特征

a. 织物图像　　　　　　b. 纤维截面形貌（1000×）　　　　c. 纤维纵向形貌（2000×）

3. 棉

　　敦煌早期植棉的记载甚少，但西北地区棉布使用的历史却相当久远，1959年民丰尼雅东汉墓出土的棉布是一个见证。虽然考古发现新疆地区的棉布不少，但尼雅、楼兰所出的大量佉卢文简牍上，至今未见有与植棉或棉织物有关的内容和语词。这些文书的时代约当魏晋之间，可作为棉织品非当地生产的佐证。能够确切证明新疆地区植棉的最早记载当推《梁书·高昌传》，而最早记录棉织物的记载见于《宋书·蛮夷传》"呵罗单国"条。在吐鲁番文书中，与棉布有关的其中年代最早的一件是柔然永康十七年（公元480年）所写的《高昌主簿张绾等传供帐》，残存账目17项，与棉布有关的8项，最多一项达40匹，文书中作"緤"[11]。

　　关于棉花，法国学者童丕（Eric Trombert）提及棉花有两种不同种类：一种是草本的（草棉），从西域引种，在中亚地区极为古老，至少从1到2世纪的东汉起就很有名；另一种是乔木类的（木棉），宋时从南海传入，从8世纪起，在中国得到广泛种植。敦煌的植棉及棉布的使用情况相对新疆等地可能较晚，不过在敦煌文书中仍可见不少关于棉布使用情况的反映。

　　在敦煌纺织品实物中也发现了棉织物的存在。对一件蓝色棉布的纤维样品S2-3经纵向和截面形貌分析，可知具有典型的棉纤维特征（图2.18）。

图2.18 样品S2-3纤维形貌特征

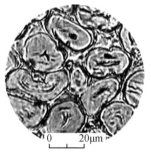

a. 织物图像　　　　　b. 纤维截面形貌（1000×）　　　　c. 纤维纵向形貌（500×）

4. 毛

敦煌是我国西北古代毛纺织品的产区之一，自古就有"捻毛成线，织褐为衣"的传统。晋时敦煌人单道开衣"粗褐"，被称为"庶人常服"。唐代以来，敦煌毛纺织业在前代的基础上长足发展，取得空前成就，毛织品种类繁多，织造技艺精良，拥有规模较大的毛纺作坊和各类工匠，如褐袋匠、毡匠、擀毡博士等，并且发现了纺车、织机等纺织机具。从文献来看，敦煌地区的毛织物，主要有褐、氍、毯等。

敦煌地区褐、氍一类的毛织物，其主要用途是供人御寒防潮和衣着穿戴。褐、氍有质量上的差别，如绣褐、绫褐为褐中上品，主要为吐蕃及归义军政权中的官吏、地方大族与寺院中的中上层僧官使用。褐制品主要有褐衫、褐袋等，褐布更是一般人户家庭的财产之一。褐、氍又可作为官俗民众向寺院施舍的物资。褐布在借贷活动中，还具有实物货币功能，褐、氍在市场交易、雇工中还起着货币等价物的功能。此外，褐、氍一类的毛织物还被广泛用于卧具、坐具铺设装饰，境内外商品交换、赏赐等[12]。对一件本色毛褐纤维样品S2-4检测分析，判定其纤维为毛纤维（图2.19）。

敦煌其地，四大文明、六种宗教、十余个民族文化曾融于一处。有同与此，各种纺织材料的共存显示着作为丝路明珠敦煌的独特魅力。在敦煌莫高窟出土纺织品研究过程中，发现了丝、毛、棉、麻等纺织材料，为敦煌纺织品的价值认知提供了更为广阔的空间。

图2.19　样品S2-4纤维形貌特征

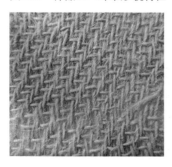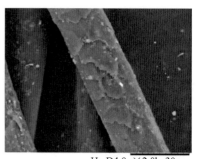

　　a.织物图像　　　　　　b.纤维截面形貌（1000×）　　　c.纤维纵向形貌（2000×）

2.3.2 新疆若羌罗布泊小河墓地出土纺织品纤维劣化评估

　　距今约3800年的新疆罗布泊小河墓地位于罗布泊地区孔雀河下游河谷南约60公里的罗布沙漠中。1934年，瑞典考古学家贝格曼首次在此处发掘出12座墓葬，2002年底，新疆文物考古研究所开展对小河墓地的调查与试掘工作，2003年至2005年，共发掘墓葬167座，出土文物数以千计[13]。

　　小河墓地整体由数层上下叠压的墓葬及其他遗存构成，外观为在比较平缓的沙漠中突兀而起的一个椭圆形沙丘。该沙丘是在一座原生的高阜沙丘的基础上，由不断构筑的多层墓葬以及自然积沙叠垒、堆积而成，由木栅墙分为南区和北区，其中南区保存较好，处于迎风面的北区由于风蚀保存较差。小河墓地可分上下五层，其中距今3700~3500年的第一、二、三层和距今4000~3700年的第四、五层和北区分别出呈现两种不同的文化特征。

　　由于良好的埋藏条件，墓地诸多方面的信息得以较为全面地保存，尤其是极为丰富的原始宗教祭祀遗存、保存相对完整的古尸和服饰等（图2.20），都为国内外史前考古所罕见，小河墓地考古发掘获评2004年中国十大考古新发现。

　　开展基于形貌的小河墓地出土毛织物纤维类别及劣化研究，同时探究引发劣化的原因，旨在为纺织品保护修复提供科学依据。

图2.20　小河墓地出土的典型文物

a. 毡帽

b. 腰衣

c. 皮靴

d. 斗篷

1. 样品

为了使研究结果具有广泛性、代表性和典型性，采集样品首先需要考虑取样范围尽量广泛，同时兼顾取样数量。取样范围（表2.7）涵盖了小河墓地的5个地层，117个样品分别来自5个地层、20个编号墓葬。

表2.7　新疆若羌罗布泊小河墓地样品

地层	墓葬	样品编号	文物类别	样品数量（个）
第一层	03XHM13	S2-5	腰衣	8
		S2-6	斗篷	8
		S2-7	毡帽	2
		S2-8	斗篷	8
第二层	03XHM28	S2-9	项链	3
第三层	04XHM42	S2-10	斗篷	3
	04XHM56	S2-11	斗篷	4
		S2-12	斗篷	1
		S2-13	腰衣	3
	04XHM59	S2-14	斗篷	6
	04XHM63	S2-15	斗篷	3
		S2-16	腰衣	4

地层	墓葬	样品编号	文物类别	样品数量（个）
第四层	04XHM69	S2-17	腰衣	2
	04XHM70	S2-18	腰衣	4
		S2-19	斗篷	3
	04XHM72	S2-20	斗篷	3
	04XHM75	S2-21	斗篷	3
	04XHM89	S2-22	斗篷	2
	04XHM91	S2-23	斗篷	2
	04XHM92	S2-24	斗篷	5
		S2-25	斗篷	3
	04XHM97	S2-26	斗篷	3
第五层或北区	04XHBM1	S2-27	毡帽	3
	04XHBM2	S2-28	斗篷	4
		S2-29	腰衣	3
		S2-30	斗篷	3
	04XHBM7	S2-31	斗篷	5
	04XHBM8	S2-32	斗篷	6
	04XHBM10	S2-33	腰衣	3
		S2-34	腰衣	2
	04XHBM22	S2-35	斗篷	5

2. 纤维种类鉴别

毛纤维取自动物毛发，纺织品中使用最多的是羊毛。目前所知考古发现最早的毛纤维应是1972年在甘肃永昌鸳鸯池新石器时代墓地29号墓中出土的细石管内发现的黄色纤维，经鉴定为毛，年代为公元前2300至公元前2000年。小河墓地属于青铜时代，较之新石器时代稍晚，但出土毛织物数量之多，保存之好，非前者所能比拟[14]。

新疆地区自古以来毛纺织业发达，采用各种动物毛发进行织造，最常用的就是羊毛纤维[15]。对比现代羊毛纤维（图2.21）和小河墓地出土毛纤维（图2.22）的截面和纵向形貌，可以判定小河墓地出土毛纤维具有现代羊毛纤维的形貌特征，纤维形貌和尺寸基本与羊毛吻合，横截面呈不规则的圆形和椭圆形，纵向纤维粗糙、表面有环状、瓦楞状鳞片。

图2.21　现代毛纤维截面和纵向形貌

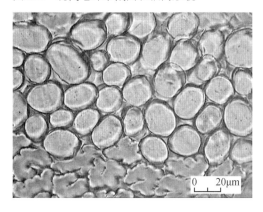 

图2.22　样品S2-5的截面和纵向形貌

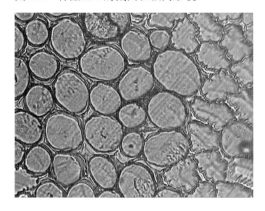 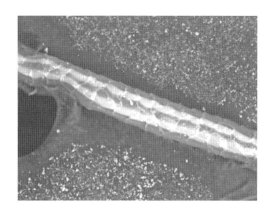

3. 纤维劣化等级分析

对125个纤维截面进行形貌研究，发现可将之大致分成4类，分别对应羊毛纤维的4个劣化阶段或劣化等级。

对125个纤维截面进行统计，可知随着地层的加深，年代趋于久远，纤维污染随之加重，纤维劣化随之显著。

表2.8和图2.23列举了各个地层中的纤维劣化等级分布，可知第一、二、三层的55个测试结果中，第Ⅰ阶段为64%，第Ⅱ阶段为29%，第Ⅲ阶段为7%，未见第Ⅳ阶段，可见毛纤维保存状况非常完好。第四、五层和北区的73个测试结果中，第Ⅰ阶段为12%，第Ⅱ阶段为25%，第Ⅲ阶段为11%，第Ⅳ阶段为52%，可见毛纤维已经发生了比较严重的劣化。

表2.8　基于形貌的纤维劣化等级

等级	描述	截面形貌	纵向形貌
I	纤维几乎完好如初——截面形貌清晰，羊毛鳞片明显，污染物未见（以样品S2-5为例）		
II	纤维初露劣化之端倪——截面形貌依然清晰，但是出现裂隙；羊毛鳞片依然保持，但是开始脱落，未见明显污染物（以样品S2-5为例）		
III	纤维持续劣化——截面虽维持原有形貌，但内部充满贯穿性裂隙；羊毛鳞片难以辨识，纤维开始出现纵向劈裂；污染物明显，几乎包裹在整根纤维外部（以样品S2-33为例）		
IV	纤维完全解体——羊毛的特征截面不复存在，羊毛鳞片难以辨识，纤维出现断裂和劈裂，污染物明显（以样品S2-29为例）		

图2.23　不同地层的纤维劣化等级柱状图

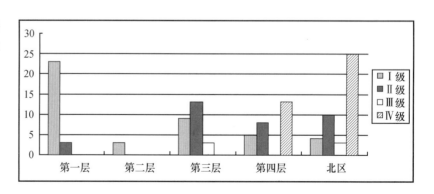

4. 劣化原因探究

考察样品中蕴含的考古信息和保存现状，以残斗篷样品S2-35为例，结合污染物分析，尝试解释小河出土毛纤维的劣化原因。

从图2.24可见，该斗篷非常残破，织物和纱线中均有明显可见的污染物，截面形貌提示其劣化等级为Ⅳ级。

采用SEM-EDS对污染物进行元素成分分析，可知NaCl是污染物的主要成分（图2.25）。

这些盐从何而来？为什么处于小河墓地上层的毛织物大多清洁完好，而位于墓地下层的毛织物则大多污染劣化严重？通过考察小河墓地的地理位置也许可以找到答案。众所周知，小河墓地位于塔里木盆地腹地罗布泊，罗布泊古称泑泽、盐泽、蒲昌海等，意为多水汇集之湖，曾是我国第二大咸水湖，在20世纪中后期因塔里木河流量减少，周围沙漠化严重，迅速干涸，现仅为大片盐壳。罗布泊位于塔里木盆地东部，光照条件好，昼夜温差大，夏季气温高达

图2.24　样品S2-35（左为织物，中为纱线，右为截面形貌）

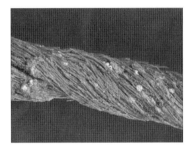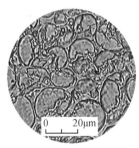

图2.25　样品S2-35污染物的SEM-EDS分析结果

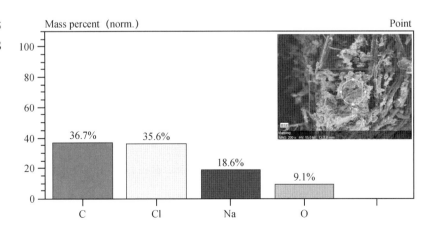

70℃。以NaCl为主的氯化物是沙漠土壤中的常见可溶盐，在强烈光照作用下，随着地下水自下而上地迁徙，可溶盐在小河墓地不同地层中呈递减沉积，导致不同地层出土毛织物纤维处于不同劣化阶段。

参 考 文 献

［1］ 赵丰，金琳. 纺织考古. 北京：文物出版社，2007；金琳. 纺织品考古一百年. 丝绸，2004
（9）：4-47；张玉忠. 新疆考古述略. 考古，2002（6）：3-13；张晓梅，原思训. 丝织品老
化程度检测方法探讨. 文物保护与考古科学，2003，15（1）：31-37.

［2］ 张晓梅，原思训. 扫描电子显微镜对老化丝织品的分析研究. 电子显微学报，2003，22
（5）：443-447.

［3］ 王芳芳，傅吉全. 人工加速老化丝织品的纤维损伤性研究. 北京服装学院学报（自然科学
版），2009，29（4）：38-43.

［4］ 张懿华，黄悦，张晓梅. 环境扫描电镜对不同丝胶含量的老化丝纤维的研究. 电子显微学报，
2008，27（3）：235-242.

［5］ 朱宜，汪裕苹，陈文雄. 扫描电镜图像的形成处理和显微分析. 北京：北京大学出版社，
1991：3-5.

［6］ 孙中武，高海钰，毕冰，等. 鹿类动物毛的扫描电镜分析. 东北林业大学学报，2003，31
（4）：29-32.

［7］ 王永礼，屠恒贤. 电子显微镜的发展以及在出土纺织品检测上的应用. 物理与工程，2005，15
（3）：29-32.

［8］ 国家技术监督局. 纺织品色牢度试验毛标准贴衬织物规格：GB/T 7568.1—2002.

［9］ 唐耕耦，陆宏基. 敦煌社会经济文献真迹释录. 北京：全国图书馆文献缩微复制中心，1986.

［10］ 李并成. 古代河西走廊蚕桑丝织业考. 敦煌学辑刊，1997（2）.

［11］ 王进玉，赵丰. 敦煌文物中的纺织技艺. 敦煌研究，1989（4）：99-105.

［12］ 王进玉. 敦煌学和科技史. 兰州：甘肃教育出版社，2011.

［13］ 肖小勇，郑渤秋. 新疆洛浦县山普拉古墓地的新发掘. 西域研究，2000（1）：42-46；新疆文
物考古研究所，吐鲁番地区文物局. 新疆鄯善县洋海墓地的考古新收获. 考古，2004（5）：
3-7；新疆文物考古研究所. 新疆罗布泊小河墓地2003年发掘简报. 文物，2007（10）：4-42.

［14］ 夏鼐. 新疆新发现的古代丝织品——绮、锦、刺绣. 考古学报，1963（1）：45-76；沈从文.
中国古代服饰研究. 上海：世纪出版集团，2005；陈娟娟. 中国织绣服饰论集. 北京：紫荆城
出版社，2005；黄能馥，陈娟娟. 中国服装史. 北京：中国旅游出版社，1995；上海市纺织科

学研究院，上海市丝绸工业公司.长沙马王堆一号汉墓出土纺织品的研究.北京：文物出版社，1980；彭浩.楚人的纺织与服饰.武汉：湖北教育出版社，1996.

[15]　李凯学.浅析中国古代毛纺织的原料来源.时代报告，2012，1（7）：147-153.

第三章 红外光谱分析技术

20世纪初人们已经系统地了解到化合物官能团有红外吸收特性。红外光谱是分子振动吸收光谱，利用物质的分子对红外辐射的吸收，得到与分子结构相应的红外光谱图，适用于鉴定聚合物以及其他复杂结构的天然物质和人工合成物质，其分析速度快、样品用量少，操作简便。傅里叶变换红外技术在古代纺织品文物材质鉴别与劣化研究方面发挥着重要作用，本章结合具体案例介绍红外光谱分析技术在纺织品文物鉴别与劣化评估中的应用。

3.1 古代纺织纤维材质鉴别

3.1.1 红外光谱分析基本原理

红外光是波长约为0.78～1000μm范围内的电磁波，位于可见光和微波区之间，分为远红外光区（波长范围为25～1000μm，波数范围为400～10cm^{-1}）、中红外光区（波长范围为2.5～25μm，波数范围为4000～400cm^{-1}）、近红外光区（波长范围为0.78～2.5μm，波数范围为12820～4000cm^{-1}）。用傅里叶变换红外显微镜技术，可以对单纤维直接测量，具有简洁、直观、精度高、针对性强等优点[1]。利用红外光谱仪配置不同的干涉仪和检测器，检测纤维中红外不同出射光后（图3.1），可以得到透射光谱、反射光谱、衰减全反射光谱、漫反射光谱和偏振光谱等，分析不同纤维的红外光谱差异。

中红外光区作为振动光谱区，涉及分子的基频振动，是红外光谱中吸收最强的振动类型，绝大多数有机化合物的基频吸收带出现在该区。通常将这个区间分为基团频率区和指纹区。基团频率区

图3.1　纤维中不同红外出射光的示意图

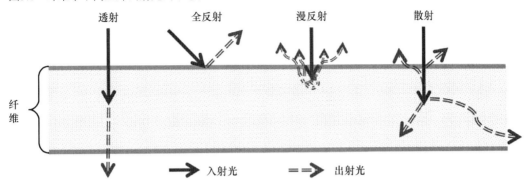

（又称官能团区），在4000～1500cm⁻¹区域出现的基团特征频率比较稳定，红外吸收谱带主要由伸缩振动产生。可利用这一区域特征的红外吸收谱带，去鉴别纺织纤维中可能存在的官能团。指纹区分布在1500～400cm⁻¹区域，包含单键的伸缩振动和因变形振动产生的红外吸收谱带。结构不同的纤维分子显示不同的红外吸收谱带，可以通过该区域的图谱来区分不同品种纤维分子结构。

1. 蚕丝纤维

天然蛋白质纤维（桑蚕丝和柞蚕丝）的特征峰是1650cm⁻¹、1515cm⁻¹、1230cm⁻¹处的酰胺Ⅰ、Ⅱ、Ⅲ谱带，同时在1220cm⁻¹、1160cm⁻¹、1060cm⁻¹附近有较强吸收。依据蛋白质特征吸收峰所对应的特征基团伸缩振动或弯曲振动关系可知，3291cm⁻¹处吸收谱带是来源于酰胺A区和酰胺B区N—H的伸缩振动，2928cm⁻¹和2850cm⁻¹吸收谱带则来源于亚甲基的振动吸收，1655cm⁻¹处谱带是由酰胺ⅠC＝O基团的伸缩振动贡献的，代表的是无规卷曲分子构象，1516cm⁻¹处谱带是由酰胺ⅡN—H基团的弯曲振动、C—N基团的伸缩振动引起的，代表了酰胺Ⅱ的β-折叠分子构象，1229cm⁻¹和1160cm⁻¹吸收谱带代表酰胺Ⅲ β-折叠分子构象，999cm⁻¹、974cm⁻¹处谱带为区别于非家蚕蚕丝965cm⁻¹附近吸收峰的两个特征吸收峰，634cm⁻¹处谱峰代表酰胺Ⅴ的α-螺旋分子构象[2]（表3.1）。

桑蚕丝在960cm⁻¹附近没有特征谱带，但在990cm⁻¹、970cm⁻¹附近有两个谱带。蓖麻蚕丝在1632cm⁻¹处吸收峰是由酰胺ⅠC＝O基团的伸缩振动引起的，代表酰胺Ⅰ的β-折叠分子构象，1513cm⁻¹

表3.1　不同蚕丝红外光谱图及吸收特征

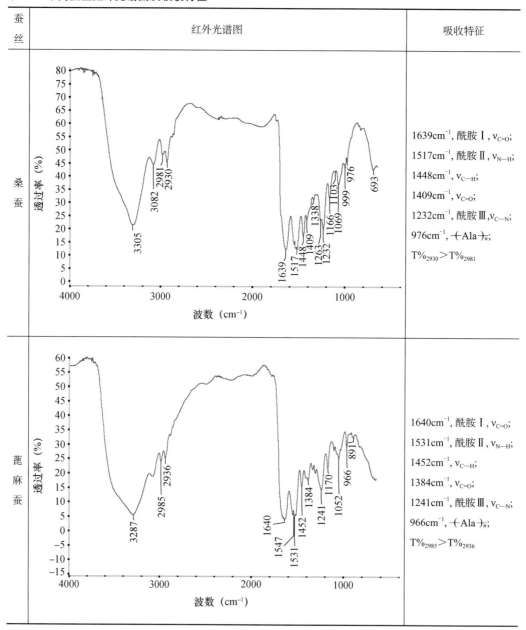

蚕丝	红外光谱图	吸收特征
桑蚕		$1639cm^{-1}$，酰胺 I，$\nu_{C=O}$； $1517cm^{-1}$，酰胺 II，ν_{N-H}； $1448cm^{-1}$，ν_{C-H}； $1409cm^{-1}$，$\nu_{C=O}$； $1232cm^{-1}$，酰胺 III，ν_{C-N}； $976cm^{-1}$，$+Ala+_n$； $T\%_{2930} > T\%_{2981}$
蓖麻蚕		$1640cm^{-1}$，酰胺 I，$\nu_{C=O}$； $1531cm^{-1}$，酰胺 II，ν_{N-H}； $1452cm^{-1}$，ν_{C-H}； $1384cm^{-1}$，$\nu_{C=O}$； $1241cm^{-1}$，酰胺 III，ν_{C-N}； $966cm^{-1}$，$+Ala+_n$； $T\%_{2985} > T\%_{2936}$

续表

蚕丝	红外光谱图	吸收特征
柞蚕	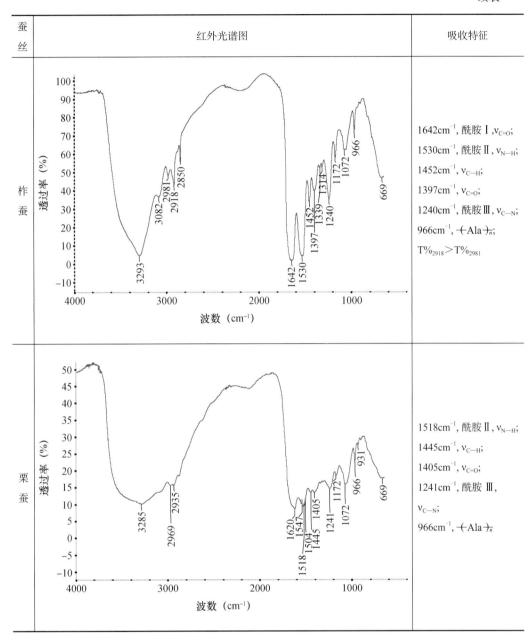	1642cm^{-1}, 酰胺 I, $\nu_{C=O}$; 1530cm^{-1}, 酰胺 II, ν_{N-H}; 1452cm^{-1}, ν_{C-H}; 1397cm^{-1}, $\nu_{C=O}$; 1240cm^{-1}, 酰胺 III, ν_{C-N}; 966cm^{-1}, $\leftarrow$Ala$\rightarrow_n$; $T\%_{2918} > T\%_{2981}$
栗蚕		1518cm^{-1}, 酰胺 II, ν_{N-H}; 1445cm^{-1}, ν_{C-H}; 1405cm^{-1}, $\nu_{C=O}$; 1241cm^{-1}, 酰胺 III, ν_{C-N}; 966cm^{-1}, $\leftarrow$Ala$\rightarrow_n$

续表

蚕丝	红外光谱图	吸收特征
柞蚕	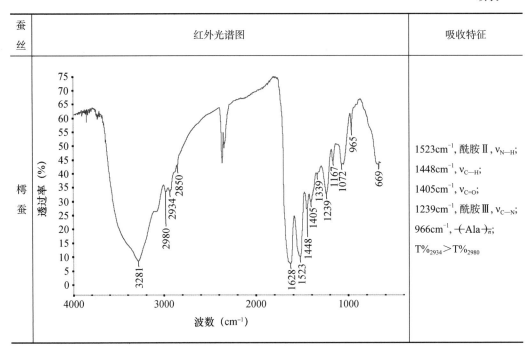	1523cm^{-1}, 酰胺Ⅱ, ν_{N-H}; 1448cm^{-1}, ν_{C-H}; 1405cm^{-1}, $\nu_{C=O}$; 1239cm^{-1}, 酰胺Ⅲ, ν_{C-N}; 966cm^{-1}, $(Ala)_n$; T%$_{2934}$>T%$_{2980}$

处吸收峰是由酰胺ⅡN—H基团的弯曲振动以及C—N基团的伸缩振动引起的，代表了酰胺Ⅱ的β-折叠分子构象，1222cm^{-1}和1167cm^{-1}吸收峰代表了酰胺Ⅲ的β-折叠分子构象，965cm^{-1}吸收峰为非家蚕蚕丝的特征吸收峰，703cm^{-1}吸收峰代表了酰胺Ⅴ的β-折叠分子构象，621cm^{-1}谱峰代表了酰胺Ⅴ的α-螺旋分子构象。柞蚕蚕丝的傅里叶变换红外光谱基本与蓖麻蚕蚕丝相似，不同的是在780cm^{-1}附近有一微弱的吸收峰[3]。

酰胺Ⅰ带（1700～1600cm^{-1}）对蛋白质分子构象的研究颇有意义，但是水汽在1640cm^{-1}处有较强的吸收峰对丝蛋白二级结构的定量很有影响，水汽在酰胺Ⅲ带（1330～1220cm^{-1}）没有吸收峰，故选取酰胺Ⅲ带作为丝蛋白二级结构定量分析的对象。由于代表不同丝蛋白二级结构的吸收谱带在傅里叶变换图谱上是重叠在一起的，因此结合二阶导数谱和去卷积谱分辨图谱中重叠子峰的位置以及强吸收峰上面的小肩峰，然后利用高斯曲线拟合的方法将原谱图分解成若干个吸收峰，尽量使拟合后的图谱与原图谱接近即残差最小，对于部分二级结构的重叠区域指认如下：家蚕蚕丝主要涉及1295～1290cm⁻¹区域的指认，根据丝蛋白结构的特点将其归属于α-螺旋结构，非家蚕蚕丝主要涉及1270～1265cm⁻¹区域的指认将其归属于无规卷曲结构。

从不同种类蚕丝酰胺Ⅲ带高斯拟合图谱，计算得到不同种类蚕丝蛋白分子构象比例如表3.2所示，比较发现家蚕蚕丝和非家蚕蚕丝均以β-折叠构象和无规卷曲构象为主，其中柞蚕蚕丝以及蓖麻蚕蚕丝仅含有少量的α-螺旋构象。

表3.2　不同种类蚕丝蛋白分子构象的比例

	β-折叠（%）	无规卷曲（%）	β-转角（%）	α-螺旋（%）
桑蚕	62.81	12.23	0.00	24.96
蓖麻蚕	67.53	26.39	0.00	6.08
柞蚕	57.42	34.21	0.00	8.37

2. 毛纤维

毛纤维属于蛋白质类纤维，因此与丝纤维一样具有类似的特征吸收峰，在3294cm⁻¹处谱带强而且宽，是由于N—H伸缩振动引起的，3076cm⁻¹和2924cm⁻¹附近都是由N—H伸缩振动引起，2853cm⁻¹附近的峰为C—H伸缩振动产生，在1643cm⁻¹处有最强的吸收带，是由酰胺中的C=O伸缩振动产生（酰胺Ⅰ谱带），在1527cm⁻¹附近为N—H弯曲振动产生（酰胺Ⅱ谱带），1452cm⁻¹处的中强峰和1408cm⁻¹处的弱峰，分别是由C—H弯曲振动和C=O伸缩振动引起，1237cm⁻¹处的中强峰是C—N伸缩振动所致（酰胺Ⅲ谱带），1070cm⁻¹峰是C=S伸缩振动产生的，在845cm⁻¹处的弱峰是由N—H伸缩振动引起的[4]。

角朊纤维中的硫主要以胱氨酸二硫键的形式存在，1200～1000cm⁻¹表征的是胱氨酸氧化物的红外特征吸收谱带，归属于S—O伸缩振动谱带，它的出现表明胱氨酸最终氧化为磺基丙氨酸，二硫键已发生断裂，出现新的产物[5]。出土毛织物纤维劣化后，其二硫键断裂后，疏基被氧化，即—S—S—被破坏生成—SH后又被氧化生成—SO₃—中的S—O伸缩振动峰。其中胱氨酸二氧化物谱带峰位是1124cm⁻¹，振动类型是S—O（ss）；半胱氨酸磺酸盐谱带峰位为1023cm⁻¹和1190cm⁻¹，振动类型分别是S—O（ss）和S—

O（as）。不同种类动物的毛发纤维在1200～1000cm⁻¹区域吸收峰峰位及相对峰强差异非常明显，属于区分它们种类的指纹区域[6]（表3.3）。

表3.3　常见纺织毛纤维红外光谱吸收特征

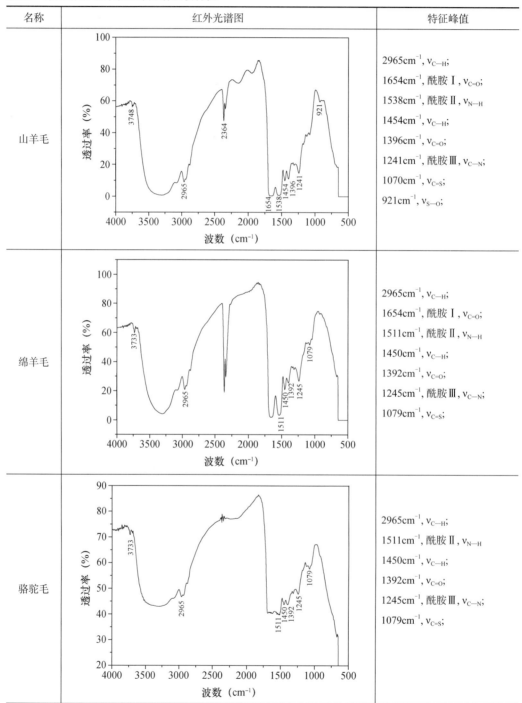

名称	红外光谱图	特征峰值
山羊毛		$2965cm^{-1}$, ν_{C-H}; $1654cm^{-1}$, 酰胺Ⅰ, $\nu_{C=O}$; $1538cm^{-1}$, 酰胺Ⅱ, ν_{N-H} $1454cm^{-1}$, ν_{C-H} $1396cm^{-1}$, $\nu_{C=O}$; $1241cm^{-1}$, 酰胺Ⅲ, ν_{C-N}; $1070cm^{-1}$, $\nu_{C=S}$; $921cm^{-1}$, ν_{S-O};
绵羊毛		$2965cm^{-1}$, ν_{C-H}; $1654cm^{-1}$, 酰胺Ⅰ, $\nu_{C=O}$; $1511cm^{-1}$, 酰胺Ⅱ, ν_{N-H}; $1450cm^{-1}$, ν_{C-H}; $1392cm^{-1}$, $\nu_{C=O}$; $1245cm^{-1}$, 酰胺Ⅲ, ν_{C-N}; $1079cm^{-1}$, $\nu_{C=S}$;
骆驼毛		$2965cm^{-1}$, ν_{C-H}; $1511cm^{-1}$, 酰胺Ⅱ, ν_{N-H}; $1450cm^{-1}$, ν_{C-H}; $1392cm^{-1}$, $\nu_{C=O}$; $1245cm^{-1}$, 酰胺Ⅲ, ν_{C-N}; $1079cm^{-1}$, $\nu_{C=S}$;

名称	红外光谱图	特征峰值
牦牛毛	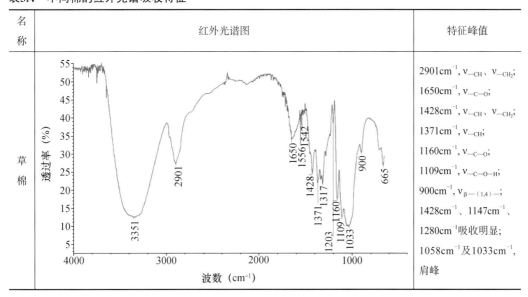	$2962cm^{-1}$, ν_{C-H}; $2931cm^{-1}$, ν_{N-H}; $1640cm^{-1}$, 酰胺Ⅰ, $\nu_{C=O}$; $1534cm^{-1}$, 酰胺Ⅱ, ν_{N-H}; $1452cm^{-1}$, ν_{C-H}; $1242cm^{-1}$, 酰胺Ⅲ, ν_{C-N}; $1080cm^{-1}$, $\nu_{C=S}$;

3. 棉纤维

棉纤维属于纤维素类纤维，纤维素纤维都有如下峰：$3440cm^{-1}$附近的O—H伸缩带，这是纤维素特征谱带；$2900cm^{-1}$附近C—H伸缩带（特征带，强度弱）；$1630cm^{-1}$的O—H振动带（纤维素中水分引起）；有较强的位于$1430cm^{-1}$处晶带（—CH$_2$弯曲振动带）；$1370cm^{-1}$的C—H弯曲振动带；$1160cm^{-1}$的C—O伸缩、弯曲振动带；最强峰$1058cm^{-1}$（两边伴有许多肩峰，如$1162cm^{-1}$、$1122cm^{-1}$、$1029cm^{-1}$、$985cm^{-1}$等），为O—H的弯曲振动，C—O—C的伸缩振动，是特征性很强的谱带（表3.4）。

表3.4　不同棉的红外光谱吸收特征

名称	红外光谱图	特征峰值
草棉		$2901cm^{-1}$, ν_{-CH}、ν_{-CH_2}; $1650cm^{-1}$, ν_{-C-O}; $1428cm^{-1}$, ν_{-CH}、ν_{-CH_2}; $1371cm^{-1}$, ν_{-CH}; $1160cm^{-1}$, ν_{-C-O}; $1109cm^{-1}$, ν_{-C-O-H}; $900cm^{-1}$, $\nu_{\beta-(1,4)-}$; $1428cm^{-1}$、$1147cm^{-1}$、$1280cm^{-1}$吸收明显; $1058cm^{-1}$及$1033cm^{-1}$，肩峰

名称	红外光谱图	特征峰值
海岛棉	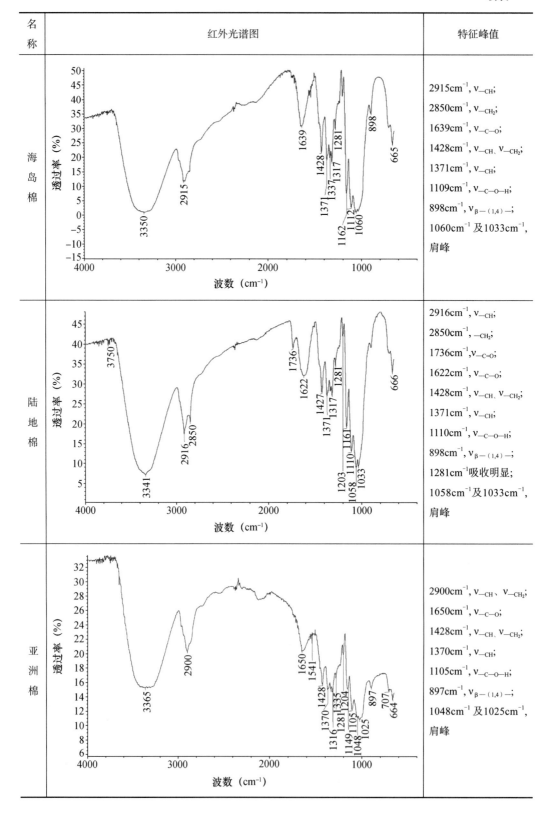	2915cm⁻¹, ν_—CH; 2850cm⁻¹, ν_—CH₂; 1639cm⁻¹, ν_—C—O; 1428cm⁻¹, ν_—CH、ν_—CH₂; 1371cm⁻¹, ν_—CH; 1109cm⁻¹, ν_—C—O—H; 898cm⁻¹, ν_β—(1,4)—; 1060cm⁻¹及1033cm⁻¹, 肩峰
陆地棉		2916cm⁻¹, ν_—CH; 2850cm⁻¹, —CH₂; 1736cm⁻¹, ν_—C=O; 1622cm⁻¹, ν_—C—O; 1428cm⁻¹, ν_—CH、ν_—CH₂; 1371cm⁻¹, ν_—CH; 1110cm⁻¹, ν_—C—O—H; 898cm⁻¹, ν_β—(1,4)—; 1281cm⁻¹吸收明显; 1058cm⁻¹及1033cm⁻¹, 肩峰
亚洲棉		2900cm⁻¹, ν_—CH、ν_—CH₂; 1650cm⁻¹, ν_—C—O; 1428cm⁻¹, ν_—CH、ν_—CH₂; 1370cm⁻¹, ν_—CH; 1105cm⁻¹, ν_—C—O—H; 897cm⁻¹, ν_β—(1,4)—; 1048cm⁻¹及1025cm⁻¹, 肩峰

4. 麻纤维

　　麻类纤维的物质组成主要有纤维素、半纤维素、木质素、果胶、脂蜡质等物质。主要成分是纤维素，由于麻的品种不同，其各种物质的含量也有所不同[7]。纤维素纤维的红外光谱图中除$3450 \sim 3200 cm^{-1}$是O—H伸缩振动吸收峰外，$1064 \sim 980 cm^{-1}$的强吸收峰以及在$1160 cm^{-1}$、$1120 cm^{-1}$处的 2个肩峰也是纤维素的特征吸收峰，它们来自于纤维素葡萄糖环中三个C—O醚键的伸缩振动。$1736 cm^{-1}$乙酰基的C=O振动，是半纤维素的特征峰，$1508 cm^{-1}$处是芳香族骨架的振动，$1750 \sim 1500 cm^{-1}$为木质素的特征峰[8]（表3.5）。

表3.5　麻纤维红外光谱吸收特征

麻	红外光谱图	特征峰值
苎麻	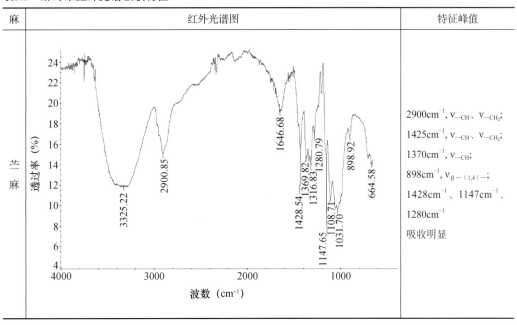	$2900 cm^{-1}$, ν_{-CH}、ν_{-CH_2}; $1425 cm^{-1}$, ν_{-CH}、ν_{-CH_2}; $1370 cm^{-1}$, ν_{-CH}; $898 cm^{-1}$, $\nu_{\beta-(1,4)-}$; $1428 cm^{-1}$、$1147 cm^{-1}$、$1280 cm^{-1}$ 吸收明显

麻	红外光谱图	特征峰值
亚麻	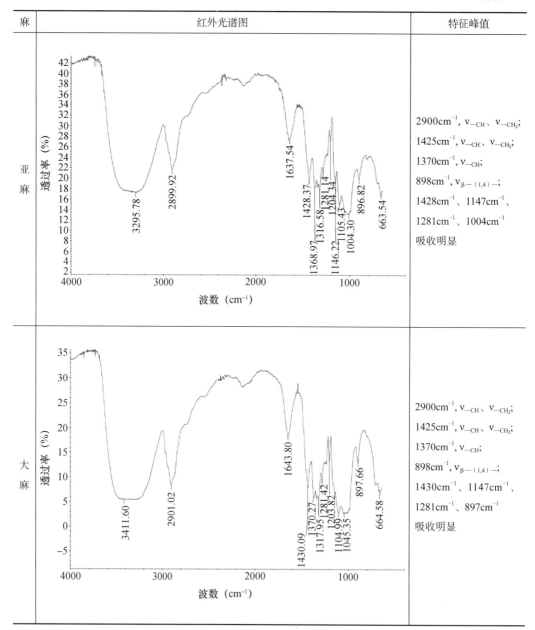	2900cm^{-1}，ν_{-CH}、ν_{-CH_2}； 1425cm^{-1}，ν_{-CH}、ν_{-CH_2}； 1370cm^{-1}，ν_{-CH}； 898cm^{-1}，$\nu_{\beta-(1,4)-}$； 1428cm^{-1}、1147cm^{-1}、 1281cm^{-1}、1004cm^{-1} 吸收明显
大麻		2900cm^{-1}，ν_{-CH}、ν_{-CH_2}； 1425cm^{-1}，ν_{-CH}、ν_{-CH_2}； 1370cm^{-1}，ν_{-CH}； 898cm^{-1}，$\nu_{\beta-(1,4)-}$； 1430cm^{-1}、1147cm^{-1}、 1281cm^{-1}、897cm^{-1} 吸收明显

麻	红外光谱图	特征峰值

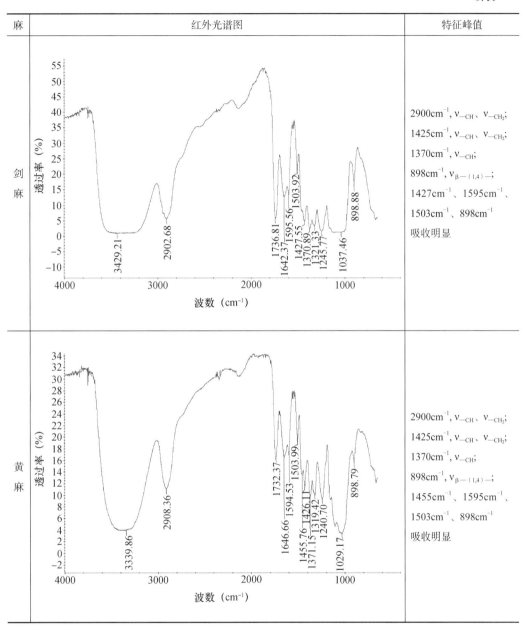

剑麻：

2900cm^{-1}，$\nu_{—CH}$、$\nu_{—CH_2}$；
1425cm^{-1}，$\nu_{—CH}$、$\nu_{—CH_2}$；
1370cm^{-1}，$\nu_{—CH}$；
898cm^{-1}，$\nu_{\beta—(1,4)}\rightarrow$；
1427cm^{-1}、1595cm^{-1}、
1503cm^{-1}、898cm^{-1}
吸收明显

黄麻：

2900cm^{-1}，$\nu_{—CH}$、$\nu_{—CH_2}$；
1425cm^{-1}，$\nu_{—CH}$、$\nu_{—CH_2}$；
1370cm^{-1}，$\nu_{—CH}$；
898cm^{-1}，$\nu_{\beta—(1,4)}\rightarrow$；
1455cm^{-1}、1595cm^{-1}、
1503cm^{-1}、898cm^{-1}
吸收明显

5. 葛纤维

葛纤维素的红外光谱图中除3450～3200cm^{-1}是O—H伸缩振动吸收峰外，1064～980cm^{-1}的强吸收峰以及在1160cm^{-1}、1120cm^{-1}处的2个肩峰也是纤维素的特征吸收峰，它们来自于纤维素葡萄糖环中三个C—O醚键的伸缩振动，最强峰在1030cm^{-1}附近，1508cm^{-1}附近有微弱的峰（图3.2）。

图3.2　葛纤维红外光谱图

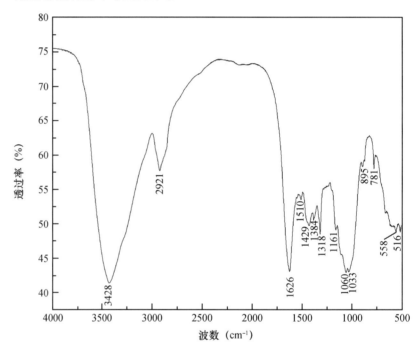

6. 竹纤维

竹纤维的化学成分主要是纤维素、半纤维素和木质素，三者同属于高聚糖，总量占纤维干质量的90%以上，其次是蛋白质、脂肪、果胶、单宁、色素、灰分等，大多数存在于细胞内腔或特殊的细胞器内[9]。

竹纤维除3450～3200cm^{-1}是O—H伸缩振动吸收峰外，1064～980cm^{-1}的强吸收峰以及在1160cm^{-1}、1120cm^{-1}处的2个肩峰也是纤维素的特征吸收峰，在1064～980cm^{-1}强峰并伴有肩峰的纤维素特征峰，在992cm^{-1}附近存在特征峰，而棉、麻和木纤维的红外谱图中不存在992cm^{-1}峰（图3.3）。

图3.3　现代竹纤维
红外光谱图

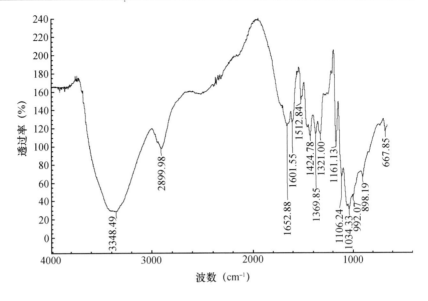

7. 棕纤维

　　现代棕纤维的红外光谱图具有$1064 \sim 980 cm^{-1}$ 强峰并伴有肩峰的纤维素特征峰，同时具有$1750 \sim 1500 cm^{-1}$ 木质素的特征峰，棕纤维木质素含量相对苎麻等纤维较多，在$1736 cm^{-1}$ 附近的半纤维素的峰明显[10]（图3.4）。

图3.4　现代棕纤维
红外光谱图

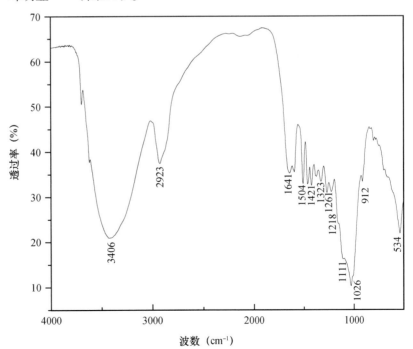

古代纺织纤维受埋藏环境和后期保存环境的影响，均会出现纤维劣化，所以在使用红外光谱鉴别古代纺织纤维样品时，要综合考虑分子结构、结晶情况、氨基酸成分已发生变化后的特征峰的强度及强度比值，准确判断出材质属性[11]。

3.1.2　材质鉴别方法

1. 透射光谱法

透射光谱法就是把待测样品置于作用光（光源发出的光）与检测器之间，检测器所检测到的分析光是作用光通过样品体与样品分子相互作用后的光。透射法又可分为粉末透射法和直接透射法，粉末透射法需将样品研磨成2μm以下的粒径，用溴化钾以1∶100～1∶200比例与样品混合并压制成薄片，即可测定样品的透射红外吸收光谱。显微红外所采用的直透射法可以直接使用金刚石压池将纤维样品压薄，降低厚度提高透射光的通过率，将样品放置在载物台后在显微镜观察下，可方便地根据需要选择样品不同部分进行分析。其检测限可低至10ng，同时能进行微区分析，样品不被破坏，非常适合文物样品检测。

2. 反射法

红外反射光谱是红外光谱测试技术中一个重要的分支，根据采用的反射类型和附件，分为镜反射、漫反射、衰减全反射。对于文物样品而言，傅里叶变换衰减全反射光谱法（ATR-FTIR）能够通过样品表面的反射信号获得样品表层有机成分的结构信息，它制样简单，无破坏性，对样品的大小、形状、含水量没有特殊要求；可以实现原位测试、实时跟踪。ATR-FTIR基于光内反射原理而设计，从光源发出的红外光经过折射率大的晶体再投射到折射率小的试样表面上，当入射角大于临界角时，入射光线就会产生全反射。事实上红外光并不是全部被反射回来，而是穿透到试样表面内一定深度后再返回表面。在该过程中，试样在入射光频率区域内有选择吸收，反射光强度发生减弱，产生与透射吸收相类似的谱图，从而获得样品表层化学成分的结构信息。

3. 近红外表面漫反射

便携式红外光谱仪作为一种无损检测技术已在文物保护领域得到快速应用，近红外光谱兼具定量和定性分析、无损检测，建模便捷等优点，已在纺织品文物纤维鉴别中得到应用。与常规分析技术不同，近红外光谱是一种间接分析技术，必须通过建立校正模型（标定模型）来实现对未知样品的定性或定量分析。利用近红外光谱仪（波长范围为0.78～2.5μm，12820～4000cm^{-1}）通过漫反射得到有机物的近红外吸收光谱，可以有效鉴别古代丝棉麻毛。使用时，先选择有代表性的样品并测量其近红外光谱；然后采用Savitzky Golay卷积求导法计算方法、多元散射校正（Multiple Scatter Correction，MSC）、矢量归一化（Normalization Vector，SNV）、偏最小二乘法（PLS）等方法进行化学计量方法建立校正模型（图3.5），最后对未知样品组分或性质进行测定比对CC值，实际值应尽可能接近1。

图3.5 丝棉麻毛标准样品通过Savitzky Golay+MSC建模

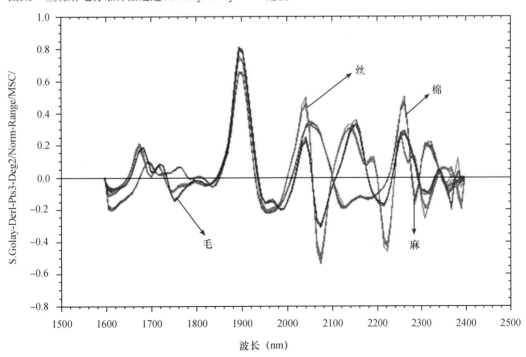

4. 红外光谱化学计量建模

光谱化学计量学软件是现代近红外光谱分析技术的一个重要组成部分，将稳定、可靠的红外光谱分析仪器与功能全面的化学计量学软件相结合也是现代红外光谱技术的一个明显标志。因此，光谱化学计量学方法研究在现代红外光谱技术的发展中占有非常重要的地位（图3.6）。常见的光谱化学计量建模方法如表3.6所示。

图3.6　常见光谱化学计量方法的程序化流程

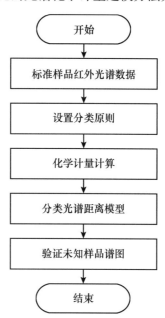

表3.6　常见光谱化学计量建模方法

序号	建模原理	特点
1	朗伯比尔定律（Simple Beer's Law）	紫外/可见吸收光谱定量方法
2	最小二乘法（Classical Least Squares）	用于多特征波长吸光度定量方法
3	多元线性回归（Stepwise Multiple Linear Regression）	常应用于近红外全光谱定性
4	偏最小二乘回归（Partial Least Squares, PLS）	常应用于近红外全光谱定量
5	主成分回归（Principal Component Regression, PCR）	近红外全谱定量方法
6	相关系数匹配法（Similarity Match）	采用光谱之间相似系数进行判别
7	距离匹配法（Distance Match）	采用欧氏距离将光谱进行分类
8	搜索判别法（Search Standards）	多用于中红外判别
9	相似性判别（Discriminant Analysis）	采用马氏距离将光谱进行分类

（1）主成分分析（Principal Component Analysis, PCA）是化学计量学方法中一种常用的多元统计分析技术。主成分分析能够将数据降维，通过将原始变量进行转换，消除原始信息中共存的相互重叠的信息，提取出少数几个变量组合成一组新变量，并与原变量呈线性相关，从而最大可能地表达出原始变量的数据特征。

（2）偏最小二乘法是近年发展起来的一种多元统计分析方法，在分解矩阵X的同时考虑矩阵Y的影响，即同时对量测矩阵X和响应矩阵Y进行正交分解，本质上是一种基于特征变量的回归方法。将偏最小二乘法用于有监督的判别分析，通常称为偏最小二乘判别分析（Parital Least Squares Discriminant Analysis, PLSDA）。由于偏最小二乘方法同时对光谱阵和类别阵进行分解，加强了类别信息在光谱分解时的作用，以提取出与样本类别最相关的光谱信息，即最大化提取不同类别光谱之间的差异，因此通常可以得到比主成分分析方法更优的分类和判别结果。

（3）距离判别法通过距离匹配计算红外光谱到每个类别中心点的距离，能用来判别一个未知材料到两个或更多已知材料类别的匹配程度。用于筛分原材料。例如，测定材料与化合物a、b或c的匹配度，或测定未知材料与已知材料的"差别程度"。建模过程中，软件为每个类别计算出一条平均光谱和一条标准偏差光谱。当采用此方法给一个未知样品的光谱进行类别划分时，针对每个类别，软件将未知样品的光谱减去该类别的平均光谱得到一条残差光谱，再除于相应的标准偏差光谱，得到一条新光谱，然后计算残差光谱中超过距离匹配限值的波长点所占的百分比。

3.1.3　基于透射光谱法的江西靖安李洲坳东周墓材质鉴别

江西靖安李洲坳东周墓位于江西省靖安县水口乡水口村李家自然村李洲坳山，为一座有封土的大型土墩墓。经国家文物局批准，2007年1～10月，由江西省文物考古研究所与靖安县博物馆联合对其进行了发掘。此墓葬共有47具木棺，出土了金器、竹器、漆器、木器、铜器、玉器、骨器、瓷器等。而此墓中最引人注目的当属出土了众多的纺织品和纺织机具。其中纺织品共300余件，通过透射法对出土纺织品样品S3-1、S3-2、S3-3进行检测，发现S3-1的红外光谱结果为蚕丝纤维，S3-2为苎麻，S3-3为棕榈叶。样品信息详见附录文物样品索引表。

从红外光谱图上可以看出，样品S3-1具有丝纤维的酰胺Ⅰ、Ⅱ、Ⅲ谱带特征峰，1163cm⁻¹、1045cm⁻¹等丝纤维特征峰，可判定为丝纤维。但未发现960cm⁻¹处的柞蚕丝特征峰，可以判定所检测的样品为桑蚕丝（图3.7）。

图3.7　样品S3-1红外光谱图

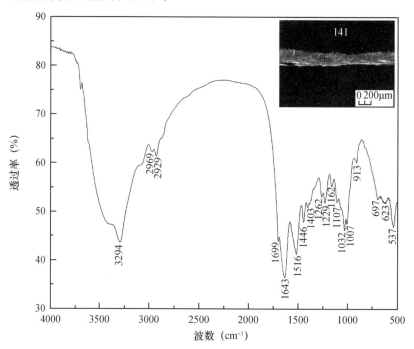

观察红外光谱图，样品S3-2具有纤维素的特征峰，同时在1750~1500cm⁻¹附近有较强的木质素特征峰，这可能与使用的制麻工艺使木质素被去除得较少有关，苎麻的木质素含量较高（图3.8）。

样品S3-3和现代棕榈叶纤维红外光谱图较接近。由于棕榈叶纤维未经任何提取纤维素方式处理，1736cm⁻¹附近的半纤维素的吸收峰明显（图3.9）。

有些纺织品文物表面含有涂层，可利用透射法对不同的材质进行识别。经透射法检测，敦煌出土S3-4文物样品的纤维（A）特征峰是1650cm⁻¹、1515cm⁻¹、1230cm⁻¹处的酰胺Ⅰ、Ⅱ、Ⅲ谱带，同时在1220cm⁻¹、1169cm⁻¹、1060cm⁻¹附近有较强吸收。桑蚕丝和

图3.8 样品S3-2红
外光谱

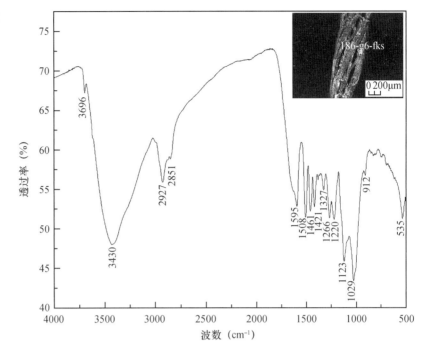

图3.9 样品S3-3红
外光谱

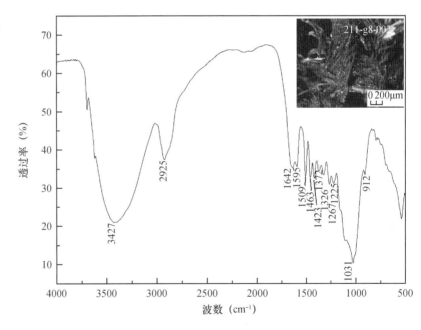

柞蚕丝，可以通过1000~950cm⁻¹区域加以区分。柞蚕丝仅在960cm⁻¹
附近有较强吸收带，桑蚕丝在960cm⁻¹附近没有特征峰，样品S3-4
判断为桑蚕丝（图3.10）。

参考现代淀粉的主要特征吸收峰，S3-4文物样品的涂层（B）
的特征吸收峰有：3367cm⁻¹为—OH伸缩振动；2931cm⁻¹为—CH₂伸

图3.10 样品S3-4在
显微红外下的纤维
（A）与涂层（B）
测试区域（15×）

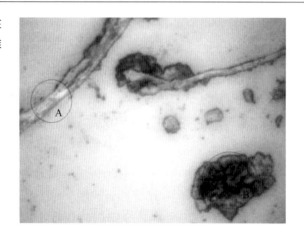

缩振动；1153cm⁻¹为C—O—C伸缩振动；1079cm⁻¹为C—O—H 弯曲振动；929cm⁻¹为含 α -1，4键的骨架振动；858cm⁻¹为 D-吡喃糖苷键特征吸收；760cm⁻¹为吡喃糖环呼吸振动。以此判断为淀粉，同时发现与现代淀粉吸收峰相比，上述吸收峰大都发生了红移（图3.11）。

图3.11 样品S3-4的纤维（A）涂层（B）的红外谱图

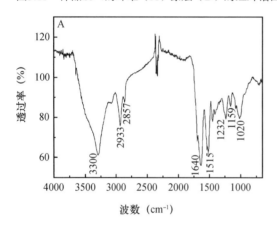

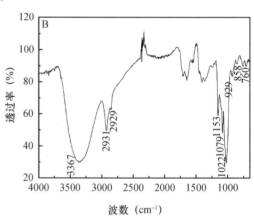

3.1.4 基于衰减全反射光谱法的山东海曲汉墓出土漆纱材质鉴别

利用傅里叶变换衰减全反射红外光谱法（ATR-FTIR）对山东出土漆纱S3-5文物样品表面进行面扫描（图3.12），获得纤维表面红外光谱，在3400cm⁻¹左右出现了一个宽且大的峰为漆酚中羟基的伸缩振动峰ν_{OH}，而1272cm⁻¹处的峰是苯环上ν_{C-O}，在1621cm⁻¹

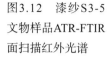

图3.12 漆纱S3-5文物样品ATR-FTIR面扫描红外光谱

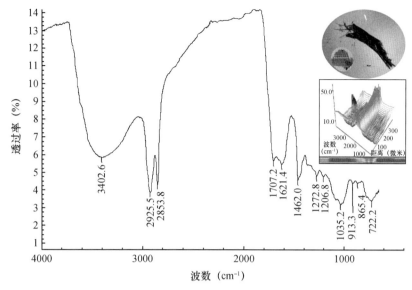

处的峰为烯烃碳碳双键的伸缩振动吸收峰$\nu_{C=O}$。另外，红外吸收峰2925cm^{-1}和2853cm^{-1}分别属于亚甲基（—CH$_2$）的不对称伸缩振动峰ν_{as}和对称伸缩振动ν_s峰，在1707cm^{-1}处的强峰为$\nu_{C=O}$。对吸收峰（1710±3）cm^{-1}和1621cm^{-1}进行峰值比较发现，1707cm^{-1}的吸收峰弱于1621cm^{-1}的峰值，在722cm^{-1}出现了一个小峰，表明漆酚存在较长的烃基，根据现代漆酚中取代基团的类型，在865cm^{-1}处为$\nu_{H（1, 3, 5-取代）}$特征峰。红外光谱结果证明表面物质为大漆。

3.1.5 基于近红外表面漫反射的汉晋时期"无极"锦材质鉴别

利用近红外光谱仪对汉晋时期的S3-6文物样品进行测试，将样品平放于检测平台，先观察织物厚度和组织密度，样品厚度不能小于1mm，如材质轻薄，可在下方衬垫具有高反射率的朗伯体高反射率材料，以此增加检测准确性；S3-6文物样品有不同染色区域，可选择颜色较浅的区域进行测试，以此增加近红外光的反射率；测试样品选取5个区域进行近红外光谱图采集，并标注测试位点，以获得尽量准确的分析检测结果，测试结果如图3.13所示，S3-6文物样品纤维材质检测结果为丝纤维，同时发现织物表面染料对材质的识别基本不受影响，但浅色染料覆盖的材质识别率要高于深色染料覆盖的材质识别率。

图3.13　样品S3-6近红外光谱测试结果

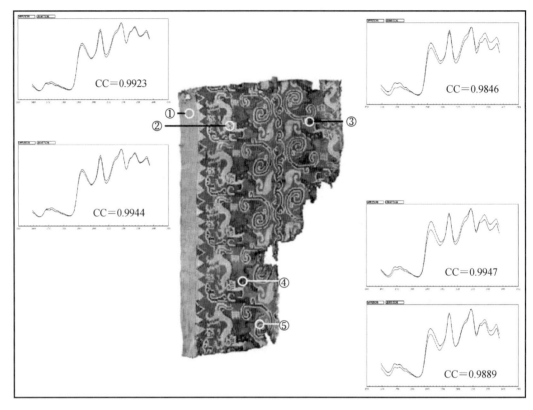

3.1.6　基于红外光谱化学计量的新疆尉犁营盘汉晋毛织物材质鉴别

针对古代毛纺织品常用的毛纤维，尤其是绵羊毛和山羊毛的相似性极高，可以利用红外光谱化学计量方法（距离判别法）进行区分。根据标准样品化学计量值距离大小分类，被测样品与标准样品的化学计量值接近，归为相应类别。经谱图二阶导数（Second Derivative）和导数滤波平滑（Norris Derivative Filter），选择光谱区间1385~1034cm^{-1}、2719~1960cm^{-1}、3696~3056cm^{-1}后设置主成分数量为9，形成绵羊毛和山羊毛的标准样品建模（图3.14）。

利用透射法采集到新疆尉犁营盘汉晋墓地出土毛织物的S3-7纤维样品的红外光谱，输入该模型进行识别，样品的距离值更接近绵羊毛标准样品，认为毛纤维应为绵羊毛。

图3.14 样品S3-7在判别模型中的距离值

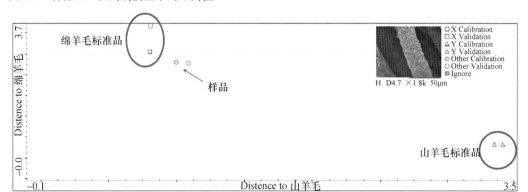

3.2 古代丝绸纤维劣化程度评估

3.2.1 基本原理

出土丝织品文物由于长年埋藏在地下，受到不同程度破坏，出土后不可避免受到环境因素的影响，劣化会持续加剧，因而需要对丝织品文物的物化性质及劣化程度进行分析，为选择适当的保护方法提供基本的依据。

红外光谱的曲线拟合技术广泛应用于蛋白质二级结构的测定，蛋白质的酰胺Ⅰ谱带中包含了二级结构的信息，它是一个很宽的吸收峰，该谱带是由几个子峰组成，每个子峰代表一种结构，有α-螺旋、β-折叠、β-转角和无规卷曲，如表3.7所示[12]。丝蛋白二级结构中α-螺旋分子构象、β-折叠分子构象、β-转角分子构象和无规卷曲分子构象经定量计算可获得丝蛋白分子链段构象特征，利用红外光谱可评估纤维劣化程度[13]。

表3.7 丝蛋白二级结构特征吸收

指认 结构	酰胺Ⅲ区的二级结构 （波数/cm⁻¹）	酰胺Ⅰ区的二级结构 （波数/cm⁻¹）
β-折叠	1250~1220	1640~1610
无规卷曲	1270~1245	1650~1640
α-螺旋	1330~1290	1658~1650
β-转角	1295~1265	1670~1660

3.2.2　劣化评估方法

丝织品热劣化的过程分为物理性质的改变和化学反应。丝蛋白大分子在受热情况下，会加速分子间的移动，破坏分子链间的氢键，改变其聚集态结构，当温度升到足够高时，使其达到玻璃化状态，其取向度也会发生改变，对丝织品性能影响很明显；温度是分子剧烈运动程度的标志，温度越高分子运动就越剧烈，化学反应速度加快，加速纤维劣化[14]。

从当前的研究现状来看，普遍采用的人工劣化方法主要有热劣化、光劣化、水解劣化、土壤包埋等单一条件下加速劣化过程，在有效把握单一环境下的劣化机理后，应该进一步研究多种因素作用下的劣化过程。以多因素热劣化模拟实验研究文物劣化过程中的结构变化。以温度和相对湿度为变量进行热劣化，将丝织品样条放入棕色瓶中并密封好，分别放入75℃、100℃、125℃和150℃的恒温鼓风干燥箱中进行干热劣化，劣化周期为20天，记为R1、R2、R3和R4；同样将丝织品样条放入棕色瓶中，同时在瓶中放入装有去离子水的小瓶，密封好，分别在75℃、100℃、125℃和150℃的饱和湿度下进行湿热劣化，劣化周期为20天，记为RH1、RH2、RH3和RH4。

干热劣化和湿热劣化的红外光谱图有明显的区别（图3.15）。$3300 \sim 3290 cm^{-1}$为—NH伸缩振动吸收峰，代表没有形成氢键的自由的—NH的振动，温度在75℃和100℃的两种条件下没有明显区别，温度在125℃和150℃时湿热劣化样的谱图中，—NH吸收峰的峰形变尖，吸收变强，表明样品中自由的—NH相对含量的增加，氢键遭到破坏严重，丝蛋白的聚集态结构遭到破坏[15]；观察发现，同一温度下，当环境湿度达到饱和时，劣化样酰胺Ⅰ区相对位于$1710 \sim 1690 cm^{-1}$的羧基峰的吸收强度变强，而干热劣化环境下的劣化样变化不是很明显，借此可以区分干热劣化与湿热劣化。

如表3.8所示，通过对丝织品特征峰吸收峰位比较发现：同样劣化时间下，不论是干热还是湿热劣化条件下，当丝织品的断裂强力下降不是很多时，酰胺Ⅰ区的吸收峰位变化不是很明显，当断裂

图3.15 丝织品干热劣化和湿热劣化20天的红外光谱图

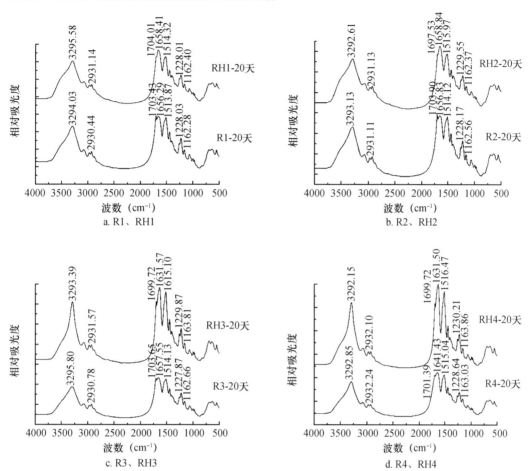

a. R1、RH1

b. R2、RH2

c. R3、RH3

d. R4、RH4

表3.8 丝织品断裂强力和红外光谱数据

样品	断裂强力（N）	酰胺Ⅰ（cm⁻¹）	酰胺Ⅱ（cm⁻¹）	酰胺Ⅲ（cm⁻¹）
原样	275.0	1655.48	1513.41	1227.93
R1-20天	243.4	1656.29	1513.87	1228.03
RH1-20天	177.3	1658.41	1514.22	1229.01
R2-20天	238.4	1656.83	1514.12	1228.17
RH2-20天	32.9	1658.84	1515.97	1229.55
R3-20天	156.0	1657.55	1514.14	1227.87
RH3-20天	10.0	1631.57	1516.10	1229.87
R4-20天	3.3	1641.43	1515.04	1228.64
RH4-20天	趋近于0	1631.50	1516.47	1230.21

强力剧烈下降时，酰胺Ⅰ区的吸收峰位向低波数方向移动，表明当丝织品发生严重劣化时酰胺Ⅰ区的吸收会发生红移，酰胺Ⅱ区、酰胺Ⅲ区峰位无明显变化。

丝纤维蛋白酰胺Ⅰ区、酰胺Ⅲ区包含蛋白质的二级结构信息[16]，可以通过对其进行曲线拟合，对其聚集态结构进行分析，进一步明确丝纤维的劣化状况。酰胺Ⅰ区的吸收容易受到水汽影响，因而选择对酰胺Ⅲ区进行拟合。

图3.16为酰胺Ⅲ区的高斯拟合图谱，通过对拟合曲线积分面积的计算得到其二级结构相对百分含量。

比较发现，热劣化使丝纤维无规卷曲结构相对百分含量升高，相同劣化时间下，主要原因是在干热劣化中，温度越高分子运动越剧烈，分子链段会发生断裂；在湿热劣化中，除了链段的断裂，分子链之间氢键的破坏也是造成无规卷曲结构含量增加的原因（表3.9）。

表3.9　原样及热劣化20天样品的二级结构相对百分含量

丝织品样品	β-折叠结构含量（%）	无规卷曲结构含量（%）
原样	83.72	16.28
R1-20天	72.87	27.13
RH1-20天	70.65	29.35
R2-20天	71.06	28.94
RH2-20天	70.73	29.27
R3-20天	70.95	29.05
RH3-20天	69.32	30.68
R4-20天	70.75	29.25
RH4-20天	69.71	30.29

3.2.3　浙江安吉楚墓和乌兹别克斯坦蒙恰特佩的丝绸文物劣化评估

通过前面对多环境因素劣化丝织品劣化状况分析得到的方法，分别对浙江安吉五福一号楚墓S3-8丝绸文物样品和乌兹别克斯坦的费尔干纳盆地的S3-9丝绸文物样品进行劣化状况评估。

如图3.17所示，丝绸原样在3300～3290cm⁻¹处为—NH伸缩振

图3.16 酰胺Ⅲ区
的高斯拟合图谱

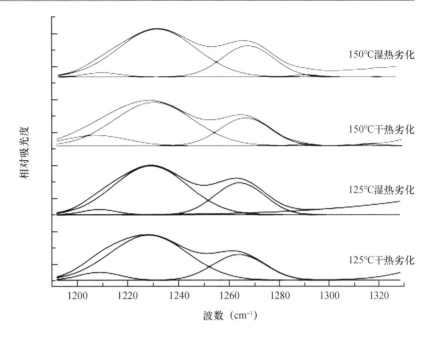

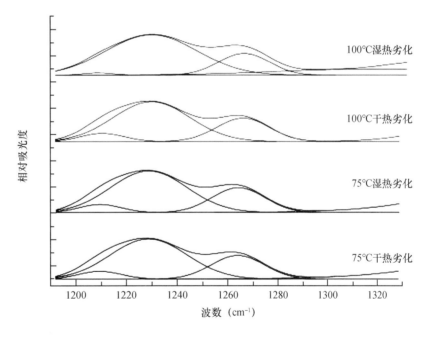

动吸收峰，代表没有形成氢键的自由的—NH的振动，样品S3-8
（图3.18-A）与丝织品原样相比，在此处变化不大，S3-9（图
3.18-B）在此处峰形变尖，吸收变强；现代样在酰胺Ⅰ区的吸收
位于1655.48cm^{-1}，S3-8（图3.18-A）和S3-9（图3.18-B）在位于
1640.00cm^{-1}、1627.71cm^{-1}、1630.28cm^{-1}、1640.63cm^{-1}、1640.43cm^{-1}

图3.17　丝绸原样的红外光谱图

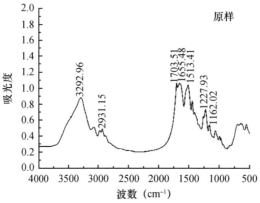

图3.18　样品S3-8（A）和S3-9（B）的红外光谱图

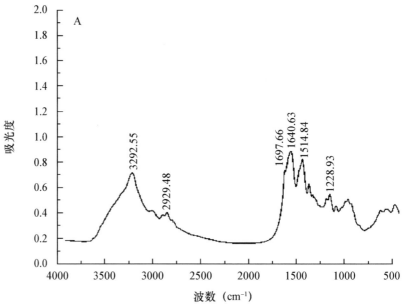

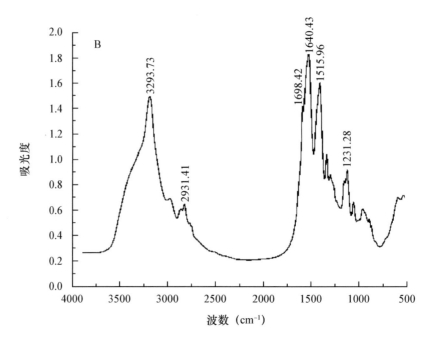

等处的红外吸收发生不同程度红移，表明文物劣化状况非常严重。

将样品与现代蚕丝原样的红外光谱进行比较，酰胺Ⅱ在1575～1480cm⁻¹处吸收峰有减弱现象，这主要是由于丝蛋白肽链分子的部分氢键（如不完全结晶区）遭受破坏，从而引起分子结构的变化。为便于分析该峰的变化情况，以酰胺Ⅰ为内标峰，求酰胺Ⅱ/酰胺Ⅰ及酰胺Ⅲ/酰胺Ⅰ的比值，如表3.10所示。

表3.10　峰高比值表

序号	样品编号	酰胺Ⅰ位移情况（cm⁻¹）	1520cm⁻¹/1640cm⁻¹比值	1230cm⁻¹/1640cm⁻¹比值
1	原样	1654	2.029	1.773
2	S3-8	1640	0.911	0.611
3	S3-9	1640	0.883	0.502

由表3.10中得知，丝绸文物样品红外光谱的酰胺Ⅰ即1690～1600cm⁻¹处吸收峰匀有不同程度地往右移动，推测是丝素纤维的聚集态结构发生了变化引起。将酰胺Ⅱ/酰胺Ⅰ吸收峰比值的排序结果以及酰胺Ⅰ吸收峰右移的现象和文物样品的外观形态加以比对，不难看出二者之间有一定的关联性，丝绸文物保存状态越差，酰胺Ⅱ/酰胺Ⅰ吸收峰比值及酰胺Ⅲ/酰胺Ⅰ比值的数值越小，酰胺Ⅰ吸收峰右移的距离越大。相比原样，样品S3-8和S3-9的保存状态均很糟朽，S3-9的糟朽程度更为严重。

为了进一步研究文物的劣化状况，对其红外光谱图的酰胺Ⅲ区进行高斯拟合，根据拟合曲线的积分面积计算得到文物的二级结构信息（图3.19）。

如表3.11所示，样品S3-8和S3-9相较原样，无规卷曲结构有不同程度的增大，表明其发生了不同程度的劣化，样品S3-8埋藏时间较长，距今2200多年，劣化时间较长，劣化程度较深；样品S3-9埋

图3.19　样品S3-8（A）和S3-9（B）的酰胺Ⅲ区的高斯拟合图谱

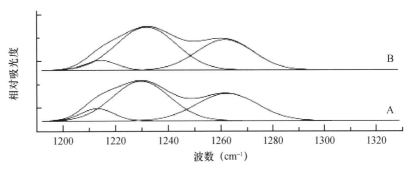

表3.11　样品S3-8和 S3-9的二级结构相对百分含量

样品名称	β-折叠结构含量（%）	无规卷曲结构含量（%）
原样	83.72	16.28
S3-8	57.54	42.46
S3-9	59.79	40.21

藏过程可能受湿度影响较大，湿度在丝织品的劣化过程中是一个重要的环境因素，所以劣化较为严重。

面对极其珍贵的纺织品文物，价值认知随着表征技术的不断提高而不断深入，红外光谱作为一种较为成熟的结构表征手段已能广泛被应用于古代纺织品文物的鉴别与劣化研究中，利用其分析速度快、样品用量少或无损检测、操作简便等特点，纺织品文物伴随劣化出现的特点也逐渐清晰，如红外光谱中的酰胺Ⅱ/酰胺Ⅰ吸收峰比值、酰胺Ⅲ/酰胺Ⅰ吸收峰比值、酰胺Ⅰ吸收峰位移距离、特征吸收强度等的变化。从不同程度反映出天然纺织纤维劣化后，结晶度会增加，纤维变脆；丝蛋白肽链分子的部分氢键（如不完全结晶区）遭受破坏而引起分子结构的变化。

参 考 文 献

［1］　翁诗甫，徐怡庄.傅里叶变换红外光谱仪.北京：化学工业出版社，2005.

［2］　北条舒正.蚕丝的形成和结构.北京：农业出版社，1990.

［3］　王国祯，胡皆汉，滕瑛.丝蛋白分子的红外光谱研究.光谱学与光谱分析.1992，12（1）：35-38.

［4］　熊磊，刘洪玲，于伟东.拉伸羊毛分子结构的显微红外光谱分析.东华大学学报（自然科学版），2005，31（3）：5-9.

［5］　刘洪玲，于伟东，章悦庭.羊毛拉伸细化技术综述.东华大学学报（自然科学版），2002，28（3）：114-119.

［6］　李文霞，廖青，刘燚.利用付立叶红外光谱与付立叶拉曼光谱初探超细羊毛粉的光谱行为.分析科学学报，2007，23（5）：519-522.

［7］　刁均艳，潘志娟.黄麻、苎麻及棕榈纤维的聚集态结构与性能.苏州大学学报（工科版），2008，28（6）：39-43.

［8］　张建春，张华.汉麻纤维的结构性能与加工技术.高分子通报，2008（12）：44-46.

［9］ 姚穆.纺织材料学.北京：中国纺织出版社，1990；潘志娟.纤维材料近代测试技术.北京：中国纺织出版社，2005.

［10］ 于伟东，储才元.纺织物理.上海：东华大学出版社，2002.

［11］ Denning R J, Freeland G N, Guise G B, et al. Reaction of Wool with Permonosulfate and Related Oxidants. Textile Research Journal, 1994, 64(7): 413-420.

［12］ 邢本刚，梁宏.FT-IR在蛋白质二级结构研究中的应用进展.广西师范大学学报，1997，15（3）：45-49.

［13］ 张晓梅，原思训.老化丝织品的红外光谱分析研究.光谱学与光谱分析.2004，24（12）：1528-1532；Akada M, Sato M, Okuyama M. Studies on the Degraded State of Excavated Archaeological Silk Fibers Using Infrared Micro-Spectroscopy and Curve Fitting Analysis. Sen'i Gakkaishi. 2009, 65(10): 262-266；谢孟峡，刘媛.红外光谱酰胺Ⅲ带用于蛋白质二级结构的测定研究.高等学校化学学报，2003，24（2）：226-231.

［14］ 张聚华，傅吉全，李秀艳.柞蚕丝织物酸碱条件下水解老化过程的结构分析.北京服装学院学报（自然科学版），2010，30（2）：48-53.

［15］ Zhang X M, Yuang S X. Measuring Quantitatively the Deterioration Degree of Ancient Silk Textiles by Viscometry. Chinese Journal of Chemistry, 2010, 28(4): 656-662.

［16］ Miller J E, Reagan B M. Degradation in Weighted and Unweighted Historic Silks. Journal of the American Institute of Conservation, 1989, 28(2): 97-115.

第四章 氨基酸分析技术

氨基酸是构成蛋白质的基本结构单位，自然界中已发现180多种氨基酸，其中参与蛋白质合成的氨基酸只有20多种。蚕丝和羊毛的主要成分都是由氨基酸构成的蛋白质，两者均是蛋白质纤维。蛋白质组成的高分子材料，易受多种因素影响而降解劣化。

氨基酸分析可以从分子水平上给出蛋白类纤维的氨基酸种类和含量。经过多年发展，现如今氨基酸技术已有分光光度法、气相色谱法、液相色谱法、质谱检测、积分脉冲安培检测技术（IPAD）、毛细管电泳法等多种检测方法。其中高效液相色谱分离-荧光检测技术灵敏度高，所需样品量少，符合文物保护行业中要求遵循的"微量无损"原则，在该领域有较好的应用前景。

4.1 氨基酸分析基本原理

4.1.1 蚕丝

蚕丝是一种天然的蛋白质纤维，是蚕在蛹化结茧的过程中产生的，可用作纺织原料的主要有桑蚕丝、柞蚕丝和蓖麻蚕丝，其中以桑蚕丝为主[1]。几千年来，桑蚕丝一直是丝绸的主要原料。桑蚕丝主要由丝素和包裹在丝素外面的丝胶组成，丝素约占70%～75%，丝胶约占25%～30%，少量其他物质（蜡质、脂肪、色素及灰分等）约占1.2%～2.3%。作为纺织的原料一般都是经过脱胶后的丝素纤维，丝素由18种氨基酸组成，其中甘氨酸（Gly）、丙氨酸（Ala）、丝氨酸（Ser）和酪氨酸（Tyr）为丝素蛋白中的主要成分[2]，这四种氨基酸之和已达组成丝素蛋白质氨基酸总量的

89%，其中又以甘氨酸和丙氨酸为最多，两者之和已达总量的70%以上。丝胶蛋白质的主要氨基酸为丝氨酸、苏氨酸、天门冬氨酸、谷氨酸、精氨酸和赖氨酸，这六种氨基酸的总量达70%以上。桑蚕丝的氨基酸组成，见表4.1。

表4.1　桑蚕丝的氨基酸组成（每千克纤维状蛋白质含量）[3]

氨基酸	简写	丝素（g）	丝胶（g）
甘（乙）氨酸	Gly	446.0	127.0
丙氨酸	Ala	294.0	55.1
缬氨酸	Val	22.0	26.8
亮氨酸	Leu	5.3	7.2
异亮氨酸	Ile	6.6	5.5
丝氨酸	Ser	121	319.7
苏氨酸	Thr	9.1	82.5
天门冬氨酸	Asp	13.0	138.4
谷氨酸	Glu	10.2	58.0
赖氨酸	Lys	3.2	32.6
精氨酸	Arg	4.7	28.6
组氨酸	His	1.4	13.0
酪氨酸	Tyr	51.7	34.0
苯氨酸	Phe	6.3	4.3
蛋氨酸	Met	1.0	0.5
脯氨酸	Pro	3.6	5.7
色氨酸	Trp	1.1	—
半胱氨酸	Cys	2.0	1.4

在每根丝素纤维中主要存在着两种聚集形态——结晶区和非结晶区，结晶区的丝素蛋白分子主要由-Gly-Ala-Gly-Ala-Gly-Ser的重复多肽构成，并以β-折叠结构的形式存在，主要位于纤维的内部[4]。非结晶区中除了甘氨酸、丙氨酸和丝氨酸外，还主要包括侧基较大的苯丙氨酸、酪氨酸和色氨酸等。结晶区，丝素分子排列整齐、紧密、相互间吸引力强，从而使得丝纤维具有了强度高，变形少，难以吸湿，对化学药品、光、热稳定性好的特点；而在非结晶区，分子链排列松散、杂乱，因此赋予了丝纤维优良的弹性和可塑性[5]。

蚕丝中除桑蚕丝外，还有野蚕丝，野蚕丝包括柞蚕丝、蓖麻蚕丝、樟蚕丝和天蚕丝等，其中柞蚕丝是天然丝的第二主要来源，其他野蚕茧均不易缫丝。柞蚕的放养，是从明朝山东的蚕农开始的，自此柞蚕业从历来的采集自然资源进步到人工教养[6]。柞蚕丝和家蚕丝一样，也由两根丝素纤维和包在丝素外面的丝胶组成，但其化学组成有明显差异[7]，每种氨基酸含量不同。柞蚕丝的纤度粗，且由于缫丝方法所致，缫出的生丝纤度较粗且不均，与家蚕生丝相比，其外观和手感都较粗糙。

丝织品是由蛋白质组成的高分子材料，该材质文物易于受多种因素影响而降解劣化。外界的水、热、氧气、光照、酸、碱、微生物等不同因素，都会造成蚕丝蛋白质发生变性和大分子链的断裂，使丝纤维变脆弱、机械强度明显下降。日光或者紫外线对丝素蛋白分子的氧化起到催化作用，长时间的日光和短时间的紫外线照射都会使丝织品泛黄、发脆。光对丝织品的影响主要集中在紫外线波段。酪氨酸和色氨酸残基在紫外线和氧气作用下发生光化学反应生成黄色物质，或大分子链中的活性部位在紫外线作用下生成自由基，再与氧气发生自动催化反应生成黄色物质[8]。光照不仅能使丝素分子内和分子间的氢键发生断裂，还会促进丝素蛋白分子的肽链发生裂解，导致丝织品脆化甚至粉化。光、热劣化因素会造成丝蛋白中酪氨酸含量降低，酸碱劣化会引起天门冬氨酸含量显著变化[9]。通过对蚕丝氨基酸成分和含量的分析，可在分子水平上给出各种劣化的特征。

4.1.2　羊毛

羊毛由表皮鳞片层和皮质层两部分构成，是一种蛋白纤维，其中角蛋白主要由18种 α-氨基酸构成，并联结成呈螺旋形的长链分子，其上含有羧基、羟基和胺基等，在分子间形成氢键和盐桥键等。长链之间由胱氨酸的二硫键和多肽链形成的交联键相联结，上述化学结构决定了羊毛的特性。如鳞片层的存在使得羊毛易收缩，在织物整理时，需要进行防缩处理；二硫键使得羊毛织物内部的结构更加的稳定，耐劣化等方面有所提高；毛纤维大分子长链受外力拉伸时由 α 型螺旋形过渡到 β 型伸展型，外力解除后又恢复到 α型，具有良好的伸长变形和回弹性等。羊毛的结晶度较丝绸低，其结晶区主要由多肽链以 α-螺旋结构的形式存在于羊毛纤维的皮质层原纤中。这些多肽链密实且排列规整，使得羊毛织物具有较好的耐光、热、酸碱性；非结晶区存在于内质中，是高度交联的可溶胀胶体，其中结晶区和非结晶区周期性交联连接。非晶区多肽链松散且排列杂乱，是纤维最初开始降解的区域。非结晶区不仅含甘氨酸、丙氨酸和丝氨酸，还包括侧基较大的苯丙氨酸、酪氨酸和色氨酸等。酪氨酸、色氨酸、赖氨酸等氨基酸不仅位于非结晶区，而且具有活性残基，使得蛋白质容易被降解[10]。

羊毛文物有机质的特殊属性造成其容易降解破坏，而且文物历经几千年的埋藏，遭受复杂埋藏环境的共同作用会受到不同程度的毁坏和腐蚀。温湿度、光照、氧、微生物、酸碱等都会引起文物的劣化，造成羊毛纤维分子链断裂，分子量降低，结晶度降低，导致物理特性如热稳定性变差，泛黄发脆，强度降低。尤其出土于新疆干旱地区的羊毛文物，出土后保存物理环境发生巨大变化会引起粉化脆裂现象。温度会造成羊毛纤维吸附的自由水解吸，使纤维手感变脆硬，强度减小，长时间受热还会造成纤维黄化分解，主要是羊毛纤维中的发色基团酪氨酸、色氨酸被氧化。水是化学反应的介质，湿度增加会造成羊毛纤维膨胀，有害化学反应也随之加快，同时湿度升高有利于微生物的繁殖生长，造成羊毛虫蛀霉变，湿度降低会导致羊毛纤维失水脆裂，严重时出现炭化[11]。光照不仅会造成纤维泛黄还会引起纤维强力降低，光可以作为催化剂使纤维发生光催化反应，引起化学键断裂、蛋白降解变性等。微生物分泌的物质黏附在羊毛纤维表面，对纤维造成污染，形成污垢，长久残留在文物上会使文物纹路模糊，还会引起微生物在纤维表面的富集，侵蚀纤维。羊毛纤维对酸敏感度较低，不过长时间处于酸性土壤环境还是会造成纤维损伤，而碱性土壤对于羊毛纤维的破坏较为严重，除了破坏盐式键外，主要是对形成三维空间网状结构的胱氨酸进行了破坏，造成分子链断裂，纤维逐渐黄化溶解，鳞片脱落严重，破坏皮质层，使强力剧烈下降。通常在文物埋藏环境中，上述的各种因素都会对文物劣化腐蚀起到复合作用，还会出现更加复杂的破坏因素。

4.2　氨基酸分析方法

采用Waters 2695型液相色谱仪［沃特世（Waters）公司］的AQC柱前衍生法测定丝纤维蛋白中的氨基酸含量。该方法是在一定条件下利用衍生剂6-氨基喹啉基-N-琥珀酰-亚胺基甲酸酯（AQC）在色谱柱前与化合物样品进行化学反应，使产生的衍生物利于色谱的分离或检测，图4.1所示为AQC与氨基酸的反应过程。

AQC是一种具有反应活性的杂环氨基甲酸酯，与一级、二级氨基酸均可起反应，而且衍生物性质稳定，过量衍生试剂及反应副产物对分离无干扰，衍生产物可用荧光检测，激发波长250nm，发射波长395nm；衍生产物具有很强的紫外吸收，也可用紫外检测，检测波长254nm。

称取0.30～0.50mg的纺织品文物样品，置于水解试管中，并加入6mol/L盐酸500μL，将试管放入冷冻剂中，冷却至溶液呈固体后取出，接在真空泵的抽气管上，使减压至7Pa（≤5×10^{-2}mmHg）后封口。将封好口的水解管放在（110±1）℃的恒温干燥箱内，水解22～24h后，取出冷却。用默克密理博（Millipore）公司的0.45mm滤膜过滤于小瓶中，用氮吹仪吹干，用900μL超纯水和100μL内标物将其稀释，并充分混匀，然后移取10μL于衍生管中，加入70μL缓冲剂和20μL衍生剂，充分混匀密封好，在55℃的烘箱中衍生10min，随后进行色谱分析（表4.2）。

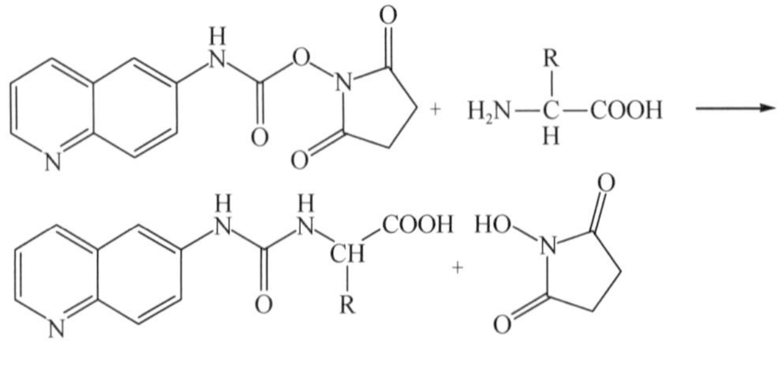

图4.1　衍生剂AQC与氨基酸的衍生反应方程式

表4.2　流动相梯度表

时间（min）	流速（mL/min）	A液（%）	B液（%）	C液（%）	曲线
起始	1.0	100	0	0	
0.5	1.0	99	1	0	11
18	1.0	95	5	0	6
19	1.0	91	9	0	6
29.5	1.0	83	17	0	6
33	1.0	0	60	40	11
36	1.0	100	0	0	11
45	1.0	100	0	0	6

注：梯度运行时间为45分钟。

4.2.1　纤维材质鉴别

蛋白类纺织品的材质主要有蚕丝和羊毛。组成蚕丝的氨基酸共有18种，但各种氨基酸的比例尚无十分肯定的结论，需视测定的方法、蚕的品种而异。蚕丝有桑蚕丝和野蚕丝之分，野蚕有柞蚕丝、天蚕丝等。不同品种蚕丝在氨基酸组成上有一定的差异，柞蚕丝的丙氨酸含量50%，天蚕丝含量40%，而桑蚕丝含量30%；柞蚕丝的色氨酸、组氨酸的储量是桑蚕丝的5倍，而天蚕丝的组氨酸的储量为桑蚕丝的0.5倍。利用相对摩尔百分比来表征每个氨基酸的含量，当甘氨酸：丙氨酸：丝氨酸的摩尔比为4∶3∶1时，可推断该丝绸文物的纤维材质为桑蚕丝，因此利用氨基酸分析可以初步识别不同的蚕丝品种（图4.2、表4.3）。羊毛的氨基酸含量与蚕丝差异很大，富含胱氨酸、脯氨酸和丝氨酸和谷氨酸，根据这些不同可将蚕丝和羊毛区别开来。羊毛是羊在一段时期内皮肤新陈代谢活动后蛋白质沉积的产物，同一只羊不同时期不同组织结构的羊毛纤维，其氨基酸组成也不同。因此，只通过氨基酸分析还无法对羊毛的种属进行鉴定。

通过将文物样的氨基酸含量与表4.3不同蚕丝的氨基酸含量进行对比，可对样品的纤维材质进行鉴定。

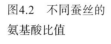

图4.2　不同蚕丝的
氨基酸比值

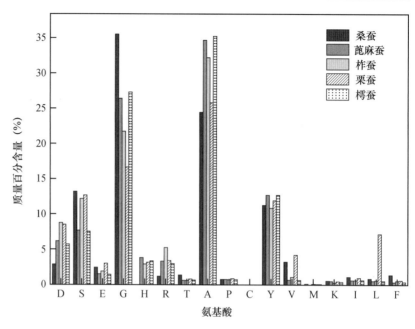

表4.3　不同蚕丝丝素蛋白的氨基酸含量特征

序号	蚕茧	图片	丝素蛋白氨基酸结果
1	桑蚕茧		甘氨酸、丙氨酸和丝氨酸的含量比为4∶3∶1；三者占氨基酸总量的73%~76%，谷氨酸含量2.39%
2	蓖麻蚕茧		甘氨酸、丙氨酸和丝氨酸的含量比为3∶4∶1；三者占氨基酸总量的68.77%，谷氨酸含量1.48%
3	柞蚕茧		甘氨酸、丙氨酸和丝氨酸的含量比为3∶4∶1；三者占氨基酸总量的76.98%，谷氨酸含量1.87%

序号	蚕茧	图片	丝素蛋白氨基酸结果
4	栗蚕茧		甘氨酸、丙氨酸和丝氨酸的含量比为3∶4∶2；三者占氨基酸总量的54.38%，谷氨酸含量2.98%
5	樗蚕茧		甘氨酸、丙氨酸和丝氨酸的含量比为3∶4∶1；三者占氨基酸总量的75.25%，谷氨酸含量1.41%

4.2.2　丝纤维劣化评估

1. 人工劣化样制备

丝织品文物在埋藏环境中和出土后遭受各种因素的综合作用，发生不同程度的降解劣化，为了让丝织品文物能更持久地保存，需要对丝织品的劣化进行科学研究，为后期保护修复方法的遴选提供科学依据。出土丝织品文物量少珍贵，不可能为科研提供大量的样品，通常对现代丝织品进行人工加速劣化，通过对人工劣化样的研究，探明丝织品的劣化机理和劣化程度。

1）光劣化

丝织品光劣化从本质上看是丝织品在光照作用下发生光化反应，在此过程中除光照强度外还有环境温度、相对湿度等因素影响丝织品的光化反应。常用的人工加速光劣化试验方法主要有氙灯、紫外灯、金属卤素灯、碳弧灯。碳弧灯对太阳光模拟较差，很少使用；紫外灯多用于比较不同材料在特定性能下的耐劣化性能；金属卤素灯和氙灯与太阳光的光谱分布相似，模拟程度最高，但金属卤素灯多用于大型设备，规模较大[12]。综合考虑，选用氙灯作为光劣化光源。

　　劣化设备为Q-Sun氙灯老化箱，辐照光源为波长420nm的氙灯，实验舱中的辐照度设置为1.10W/cm²，控制仓内温度以及相对湿度，对丝织品进行光劣化（表4.4），每组劣化条件的周期为20天，每隔2天取样一次，对劣化样进行检测分析，以确定不同劣化条件对丝织品劣化过程及劣化程度的影响。

表4.4　劣化条件设定

编号	舱内温度（℃）	舱内相对湿度（%）
G1	50	干
G2	50	50%
G3	50	70%
G4	70	10%~15%（无法控制在完全干燥状态）
G5	70	50%
G6	70	70%

　　2）热劣化

　　丝织品热劣化的过程分为物理性质的改变和化学反应。丝蛋白大分子在受热情况下，会加速分子间的移动，破坏分子链间的氢键，改变其聚集态结构，当温度升到足够高时，使其达到玻璃化状态，其取向度也会发生改变，对丝织品性能影响很明显；温度是分子运动剧烈程度的标志，温度越高分子运动就越剧烈，化学反应速度加快，自然就会加速纤维劣化[13]。

　　以温度和相对湿度为变量进行热劣化。将丝织品样条放入棕色瓶中并密封好，分别放入75℃、100℃、125℃和150℃的恒温鼓风干燥箱中进行干热劣化（表4.5），每隔2天取样一次，劣化周期为20天，记为R1、R2、R3和R4；同样将丝织品样条放入棕色瓶中，同时在瓶中放入装有去离子水的小瓶，密封好，分别在75℃、100℃、125℃和150℃的饱和湿度下进行湿热劣化，每隔2天取样一次，劣化周期为20天，记为RH1、RH2、RH3和RH4。

　　3）水解劣化

　　丝织品的水解劣化从本质上讲是蛋白质的水解过程，蛋白质是分级水解的，经水解可以生成分子量较小的中间产物直至氨基酸，水解过程如下：

　　　　蛋白质→蛋白胨→蛋白胨→肽→氨基酸

表4.5　热劣化实验条件的设置

编号	温度	湿度情况
R1	75℃	干燥
R2	100℃	干燥
R3	125℃	干燥
R4	150℃	干燥
RH1	75℃	饱和湿度
RH2	100℃	饱和湿度
RH3	125℃	饱和湿度
RH4	150℃	饱和湿度

在整个水解过程中，蛋白质大分子链发生断裂，各级中间产物的分子量逐渐变小，整个水解劣化过程都会伴随着平均分子量的变化。影响蛋白质水解的因素有水解试剂的种类和浓度、水解的时间和温度，水解环境不同，水解程度和水解产物也会存在差异。蛋白质水解试剂有酸、碱、酶三种，酸性环境下水解时，水解位置对应肽链的所有位置，大多数氨基酸在酸中是稳定的，受到的破坏极微；而碱性环境下往往从端基开始，不破坏色氨酸，但是其他氨基酸对碱的抵抗极弱，水解时被破坏得相当严重，以酸或碱为水解试剂时可用图4.3表示水解过程[14]。

从对丝织品的水解过程的了解可知，丝织品在不同温度下、不同水解试剂作用下，其降解过程和降解产物可能是不尽相同的，因此多因素的丝织品水解劣化条件也基于这两个因素来设定，水解环境条件如表4.6所示。

配制好相应pH值的HCl溶液和NaOH溶液，将丝织品样条放入溶液中，密封放入相应温度下的烘箱中，每隔一段时间取一次样，取出后用去离子水多次冲洗，直至冲洗的去离子水接近中性，将洗涤好的丝织品在自然避光的条件下晾干保存。

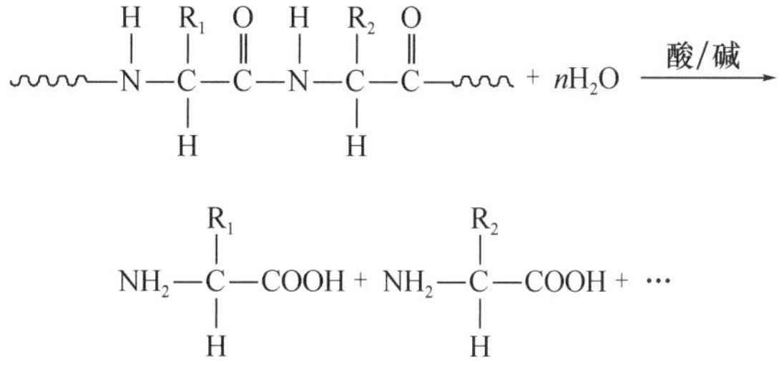

图4.3　丝织品水解反应方程式

表4.6 丝织品水解劣化条件设定

编号	温度（℃）	pH
S1	70	2
S2	70	4
S3	40	2
S4	40	4
S5	70	10
S6	70	12
S7	40	10
S8	40	12

2. 光劣化条件下氨基酸含量变化

本章节仅对光劣化条件下的氨基酸数据进行整理。根据已有研究[9]可知甘氨酸与酪氨酸含量比值（Gly/Tyr）可用于表征丝织品劣化程度，分别计算出各劣化条件下Gly/Tyr的比值，并研究其与劣化时间的关系。

1）光劣化条件下Gly/Tyr值随劣化时间的变化

由图4.4可以看出，随着劣化时间的增加，Gly/Tyr的值不断升高，50℃干劣化（图4.4-a）的Gly/Tyr值基本可以与劣化时间呈线性关系，线性拟合度较高；另外五个劣化条件的氨基酸测试结果表明，随着劣化时间的延长，Gly/Tyr的值快速升高，且趋势线的切线斜率由大变小，即劣化速度在劣化初期较快，而后逐渐变得缓慢，这是因为劣化过程趋近结晶区，劣化开始变得困难，氨基酸损失速率减慢。

2）光劣化条件下大侧基氨基酸随劣化时间的变化趋势

有不少已有研究表明丝素外层以非结晶区为主，而内层以大分子链排列较为紧密的结晶区为主；侧基较大的氨基酸无法紧密排列，故其主要在丝素外部分布较多；而侧基较小的氨基酸，主要分布在丝素的内部；丝素的劣化过程必定是先作用于纤维表层，所以大侧基氨基酸的变化在一定程度上应该可以表征丝素的劣化状况。但对于氨基酸侧基的大小并没有公认的界定范围，本书把甘氨酸、丙氨酸、丝氨酸、苏氨酸、脯氨酸、组氨酸六种氨基酸作为侧基较小的氨基酸，其余检测到的氨基酸作为大侧基氨基酸，对光劣化样

图4.4　不同温湿度条件下光劣化样品Gly/Tyr比值随劣化时间的变化趋势

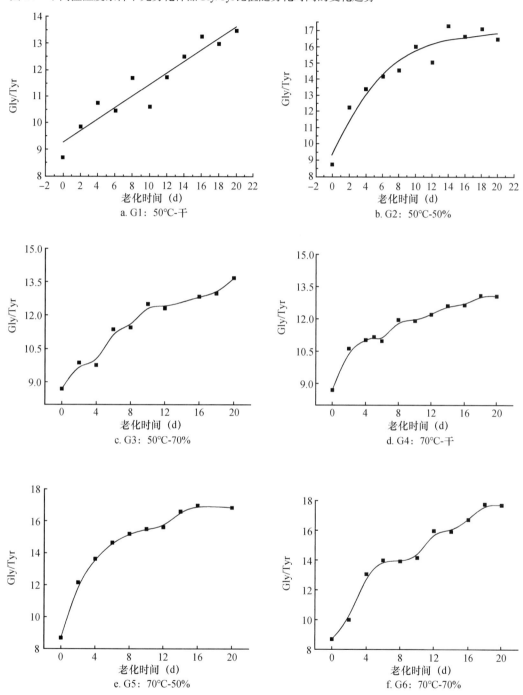

品的测试结果进行整理分析,以期能以此作为探究丝织品劣化程度的一种评估方式。

由图4.5中可以看出,在劣化刚开始阶段,大侧基的氨基酸损失速率较快,随着劣化的深入,其损失速率减缓,这种情况维持一段时间后,又进入大侧基损失速率加快的阶段。即基本上所有光劣化条件样品都经历了大侧基氨基酸损失速率由快到慢,再回到快速的阶段。

3. 氨基酸含量与丝织品劣化程度关系

1)光劣化条件下Gly/Tyr比值与断裂强力的对应关系

由图4.6中可以看出,光劣化样品Gly/Tyr比值与断裂强力的对应关系较好,随着断裂强力的损失,Tyr损失严重,Gly/Tyr的比值逐渐增大,统计曲线基本呈现良好的逆生长趋势,即Gly/Tyr的比值与断裂强力保留率呈一定的负相关关系,随着Gly/Tyr的比值逐渐增大,断裂强力保留率逐渐下降,其下降速率由快到慢,这是因为丝素表层分布着较多的大侧基氨基酸,以非结晶区为主,越往内层,其结晶度越高,分子链越不容易断裂。

2)光劣化条件下大侧基氨基酸含量与断裂强力的对应关系

如图4.7所示,随着断裂强力的损失,人工劣化样品的大侧基氨基酸也大量损失,光劣化样品的大侧基氨基酸摩尔百分比与其断裂强力保留率呈正相关关系,大侧基氨基酸对于丝织品的劣化程度评估也许更具有整体性和综合性。

3)基于氨基酸含量的丝织品劣化评估

酪氨酸对光较敏感,在丝织品光劣化过程中,酪氨酸的摩尔百分含量随着劣化程度的加剧而减少,甘氨酸与酪氨酸含量的比值也是初步判定丝织品劣化程度的一个有效指标。对于劣化因素相对简单的丝织品文物,可以选择该劣化因素敏感氨基酸进行劣化程度评估。对于劣化因素复杂丝织品文物,可以选择大侧基氨基酸含量的变化进行劣化程度评估。甘氨酸、丙氨酸、丝氨酸、苏氨酸、脯氨酸、组氨酸六种氨基酸作为侧基较小的氨基酸,其余检测到的氨基酸作为大侧基氨基酸。以断裂强力保留率为Y轴,大侧基氨基酸含量为X轴,将所有数据点放至同一坐标轴内。利用丝织品大侧基的

图4.5　不同温湿度条件下光劣化样品大侧基氨基酸含量随劣化时间的变化趋势

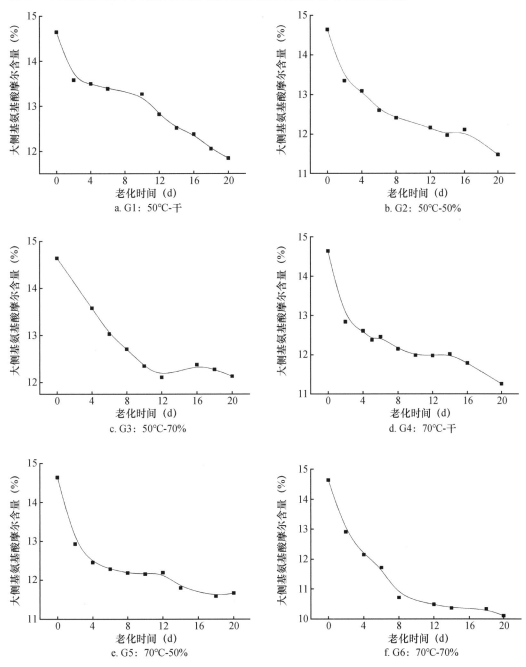

a. G1：50℃-干

b. G2：50℃-50%

c. G3：50℃-70%

d. G4：70℃-干

e. G5：70℃-50%

f. G6：70℃-70%

图4.6　光劣化样品Gly/Tyr比值与断裂强力的对应关系

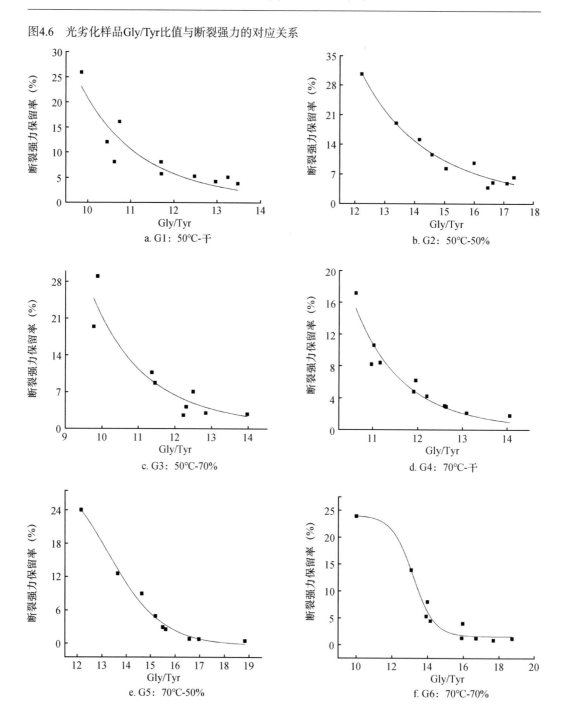

图4.7 光劣化样品大侧基氨基酸含量与断裂强力保留率的对应关系

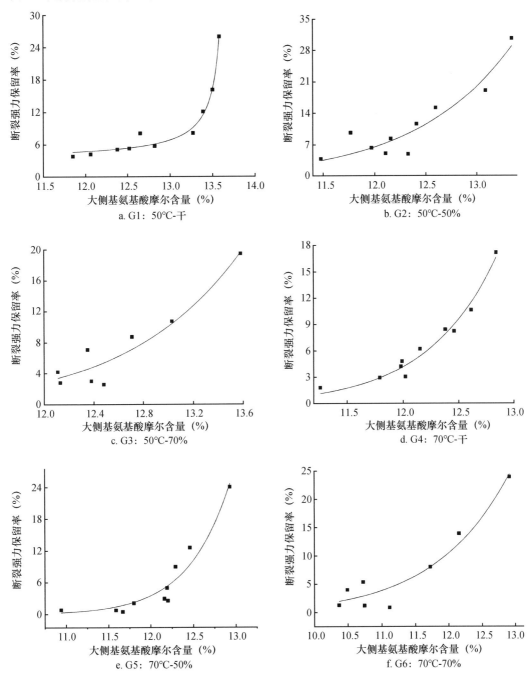

摩尔百分含量与断裂强力保留率的关系图，在得到丝织品文物的氨基酸含量后，可对其劣化程度进行评估，这可为丝织品文物的后续保护方法选择提供一个科学的依据。

　　以热劣化过程中氨基酸与断裂强力的变化为例，进行劣化程度评估。丝织品在热劣化过程中断裂强力逐渐变小，尤其在150℃下织物断裂强力下降幅度最大。以150℃的劣化条件为例对试样的氨基酸含量变化进行表征。选择热劣化时间为0天、2天、6天、10天、16天和18天的试样进行氨基酸分析。每个氨基酸含量用相对摩尔百分含量进行表征，测试结果见表4.7。

表4.7　丝素蛋白氨基酸含量随劣化时间变化的分析结果

天数	Asp	Ser	Glu	Gly	Arg	Thr	Ala	Pro	Cys	Tyr	Val	Met	Lys	IIe	Leu	Phe
0	1.91	12.03	1.48	45.61	0.68	1.07	26.02	0.63	0.06	5.24	2.69	0	0.37	0.80	0.59	0.81
2	1.85	11.08	1.39	46.69	0.50	0.95	27.81	0.57	0	4.50	2.61	0.01	0.25	0.76	0.54	0.69
6	1.98	11.16	1.49	46.69	0.51	0.95	27.33	0.64	0.09	4.12	2.76	0.02	0.20	0.78	0.57	0.71
10	2.00	10.48	1.47	46.52	0.47	0.87	28.78	0.58	0.09	3.81	2.68	0.03	0.20	0.77	0.54	0.68
16	2.10	10.20	1.55	46.61	0.46	0.86	28.72	0.59	0.14	3.41	2.84	0.05	0.21	0.83	0.55	0.70
18	1.92	9.72	1.42	47.98	0.45	0.79	29.61	0.55	0	2.75	2.57	0.06	0.20	0.77	0.51	0.71

　　丝素蛋白主要由甘氨酸、丙氨酸、丝氨酸和酪氨酸组成，4种氨基酸含量约占其总量的90%。其中甘氨酸、丙氨酸含量呈现增大趋势，因纤维劣化开始于非晶区使带侧基庞大的氨基酸先发生降解，造成含量降低，从而使主要处于结晶区的甘氨酸、丙氨酸的相对含量大大增加。酪氨酸在整个劣化过程中含量下降最明显，因为酪氨酸为芳香族物质，受热易被氧化，且具有较大的侧基，因空间位阻效应，主要集中在纤维外层非晶区中，因而损失较多。酪氨酸含量变化曲线见图4.8。此外，苏氨酸、丝氨酸、谷氨酸也以一定的速率而损失。

　　氨基酸含量变化是因丝蛋白在分子水平发生了化学降解，宏观最显著特征就是断裂强力下降，断裂强力分析是检测丝织品保存现状最直接有效的方法，但在大多数情况下，丝织品文物很难提供足够的样品用于断裂强力分析。人工加速热劣化实验条件相对单一，选取热劣化敏感的氨基酸酪氨酸含量与织物断裂强力变化进

图4.8 酪氨酸含量随劣化时间变化线性拟合图

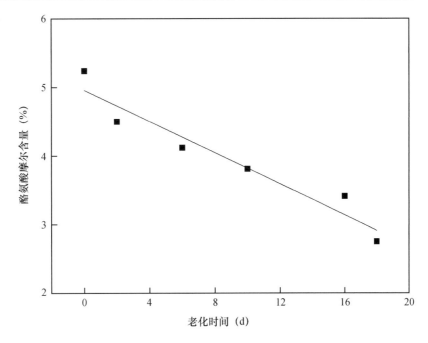

行对比分析，寻求两者间的联系。以断裂强力为X轴，酪氨酸含量为Y轴作图，并进行拟合，结果见图4.9。从图中可以看出，断裂强力和酪氨酸含量呈正相关，拟合曲线为$Y=2.66X^{0.12}$，相关系数R^2为0.88。酪氨酸含量越低断裂强力越小。

4.3 新疆营盘汉晋墓地出土纺织品的氨基酸分析

4.3.1 纤维鉴别

不同品种的蚕丝氨基酸组成不同，利用氨基酸组成的差异可以对古代纤维品种进行鉴定（表4.8）。

以S4-1（菱格花卉纹刺绣绢裤）和S4-9（间色毛裙）为例说明氨基酸分析结果（图4.10，表4.9、表4.10）。

氨基酸分析结果见图4.11，根据蚕丝的几个主要氨基酸甘氨酸、丙氨酸和丝氨酸的摩尔比值可以判断菱格花卉纹刺绣绢裤的经线、纬线和绣线均为桑蚕丝。

根据氨基酸分析结果（图4.12），可以判断间色毛裙的白色纤维和红色纤维材质为羊毛，裙侧饰绢条的材质为桑蚕丝。

图4.9 酪氨酸含量
和断裂强力非线性
拟合

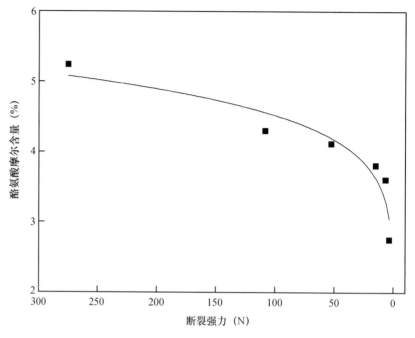

表4.8　氨基酸分析样品清单

序号	标本号	文物号	文物名	样品描述
1	S4-1	95BYYM15：4	菱格花卉纹刺绣绢裤	破损处脱落残片
2	S4-2	95BYYM15	裹头绢	男尸头上包裹绢巾残片
3	S4-3	95BYYM1：9	颔下系锦带	残片
4	S4-4	99BYYM2：5	刺绣枕	残片
5	S4-5	95BYYM1：9	刺绣残片	残片
6	S4-6	99BYYM66：1-2	锦	残片
7	S4-7	95BYYM14	绮	残片
8	S4-8	95BYYMC：30	锦缘	残片
9	S4-9		间色毛裙	残片

图4.10　S4-1及取样示意

表4.9 S4-1的氨基酸组分及含量

氨基酸	经线		纬线		绣线	
	质量（%）	摩尔（%）	质量（%）	摩尔（%）	质量（%）	摩尔（%）
Asp	1.16	0.77	1.18	0.77	1.27	0.84
Ser	12.76	10.67	13.06	9.86	12.64	10.61
Glu	1.37	0.82	1.55	0.84	1.47	0.88
Gly	41.80	48.93	40.76	45.70	40.59	47.67
Arg	0.64	0.32	0.66	0.00	0.50	0.26
Thr	0.89	0.66	0.97	0.38	0.88	0.65
Ala	32.45	32.00	30.63	0.63	33.44	33.10
Pro	0.72	0.55	0.79	31.86	0.72	0.55
Cys	0.20	0.14	0.57	0.52	0.22	0.16
Tyr	1.80	0.87	4.26	1.25	2.14	1.04
Val	3.38	2.53	3.63	2.78	3.37	2.53
Met	0.03	0.02	0.08	0.05	0.03	0.02
Lys	0.62	0.37	0.33	0.20	0.62	0.37
IIe	0.80	0.54	1.00	0.68	0.79	0.53
Leu	0.56	0.37	0.65	0.45	0.58	0.39
Phe	0.80	0.43	0.89	0.48	0.74	0.39

图4.11 S4-1的氨基酸分析结果

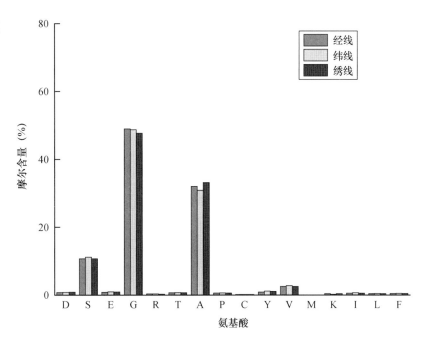

表4.10　S4-9的氨基酸组分及含量

氨基酸	白色纤维		红色纤维		裙侧饰绢条	
	质量（%）	摩尔（%）	质量（%）	摩尔（%）	质量（%）	摩尔（%）
Asp	6.74	6.33	5.79	5.41	1.89	1.32
Ser	7.76	9.22	7.76	9.18	10.76	9.55
Glu	14.44	12.26	12.99	10.98	1.73	1.09
Gly	3.89	6.48	4.28	7.09	37.14	46.15
His	0.55	0.44	0.41	0.33	0.00	0.00
Arg	8.35	5.99	9.51	6.79	0.61	0.32
Thr	5.64	5.91	6.06	6.33	1.06	0.83
Ala	3.86	5.41	4.10	5.73	27.19	28.47
Pro	6.50	7.05	6.98	7.54	0.73	0.59
Cys	19.34	19.94	18.20	18.69	1.59	1.23
Tyr	2.51	1.73	2.14	1.47	9.86	5.08
Val	4.85	5.18	5.54	5.88	3.37	2.68
Met	0.22	0.19	0.33	0.27	0.17	0.11
Lys	2.84	2.43	2.45	2.09	0.41	0.26
Ile	3.25	3.10	3.52	3.34	0.95	0.67
Leu	6.87	6.54	7.16	6.79	1.37	0.97
Phe	2.39	1.81	2.77	2.09	1.17	0.66

图4.12　S4-9的氨基酸分析结果

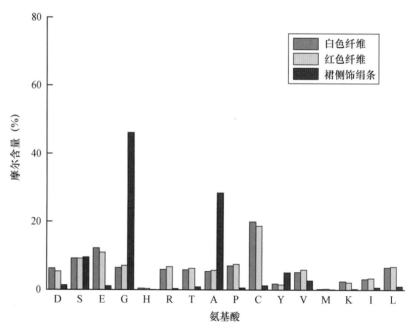

4.3.2　劣化评估

目前，已经对这批丝织品的组织结构、纤维形貌进行了研究，而丝织品的保存现状如何亟待进一步分析。对上述样品进行氨基酸含量的检测，结果见表4.11。

表4.11中8个样品的氨基酸分布相似，与现代样对比可知，古代样品的氨基酸均有不同程度的降低，不同样品之间存在一定的差异，这是因这些丝织品出土于不同墓葬或在墓葬中处于不同的位置，受到的不同劣化环境造成。新疆气候特点是高温干旱，温度是造成这些丝织品劣化的主要因素，将氨基酸分析结果与人工热劣化样结果对比，发现这些丝织品的酪氨酸含量大约降低了26.9%～40.5%，利用人工劣化样得出的断裂强力和酪氨酸计算公式$Y=2.66X^{0.12}$，可以推算出除S4-1号样品外其他丝织品的断裂强力处于6.62～4.48N之间，与人工劣化16天和18天样品的断裂强力较接近，两者分别为7.95N和4.90N。甘氨酸是组成蚕丝18种氨基酸

表4.11　营盘样品的氨基酸组分及含量（%）

	S4-1	S4-2	S4-3	S4-4	S4-5	S4-6	S4-7	S4-8
Asp	0.77	1.39	1.75	1.40	1.85	1.84	1.79	0.90
Ser	9.86	9.84	10.94	10.36	10.65	10.80	10.39	10.11
Glu	0.84	1.25	1.48	1.27	1.53	1.57	1.45	0.82
Gly	45.7	45.44	43.64	45.04	43.36	42.93	44.66	46.80
Arg	0.38	0.38	0.39	0.35	0.52	0.44	0.39	0.27
Thr	0.63	0.73	0.95	0.73	0.95	0.95	0.82	0.69
Ala	31.86	32.14	31.36	31.26	31.32	31.00	30.97	32.04
Pro	0.52	0.57	0.66	0.59	0.66	0.73	0.71	0.50
Cys	1.25	0.27	0.23	0.88	0.38	1.00	0.24	0.50
Tyr	3.83	3.17	3.39	3.39	3.12	3.40	3.38	3.19
Val	2.41	2.58	2.69	2.55	2.77	2.66	2.72	2.42
Met	0.03	0.05	0.04	0.03	0.03	0.04	0.03	0.03
Lys	0.52	0.41	0.37	0.34	0.43	0.58	0.35	0.45
Ile	0.59	0.76	0.84	0.81	0.98	0.80	0.90	0.50
Leu	0.38	0.54	0.64	0.56	0.78	0.58	0.61	0.37
Phe	0.42	0.46	0.64	0.44	0.66	0.64	0.58	0.40

中含量最多和最稳定的，在丝织品劣化过程中变化相对较小，将文物样和人工劣化样的酪氨酸与甘氨酸的比值进行对比，文物样的比值为0.081～0.068，人工劣化16天、18天和20天的劣化样比值分别为0.082、0.077和0.057。可以推测营盘丝织品保存现状与人工劣化16～20天的情况较为接近[15]。

通过在文物样上的应用，可知氨基酸分析能有效地评估丝织品劣化程度，从分子水平上给出各种劣化的特征及劣化程度，这为丝织品文物后续保护方法的选择提供了科学依据。

参 考 文 献

［1］　李栋高，蒋蕙钧. 丝绸材料学. 北京：中国纺织出版社，1994：53-90；中国纺织大学绢纺教研室. 绢纺学（上册）. 北京：纺织工业出版社，1986：17-54.

［2］　Asakura T, Sugino R, Yao J M, et al. Comparative Structure Analysis of Tyrosine and Valine Residues in Unprocessed Silk Fibroin (silk I) and in the Processed Silk Fiber (silk II) from Bombyx Mori Using Solid-state ^{13}C, ^{15}N and ^{2}H NMR. Biochemistry, 2002, 41(13): 4415-4424; Zuo B Q, Dai L X, Wu Z. Analysis of Structure and Properties of Biodegradable Regenerated Silk Fibroin Fibers. Journal of Materials Science, 2006, 41(11): 3357-3361; Yang Y H, Shao Z Z, Chen X, et al. Optical Spectroscopy to Investigate the Structure of Regenerated Bombyx Mori Silk Fibroin in Solution. Biomacromolecules, 2004, 5(3): 773-779.

［3］　Robson R M. Silk, Composition, Structure, and Properties in the Handbook of Fiber Chemistry. New York: Marcel Dekker Inc, 1985.

［4］　郑今欢，邵建中，刘今强. 蚕丝丝素纤维中氨基酸在丝素纤维的径向分布研究. 高分子学报，2002（6）：818-823；Garside P, Wyeth P. Crystallinity and Degradation of Silk: Correlations Between Analytical Signatures and Physical Condition on Ageing. Applied Physics A: Materials Science & Processing, 2007, 89(4): 871-876; Sehnal F, Žurovec M. Construction of Silk Fiber Core in Lepidoptera. Biomacromolecules, 2004, 5(3): 666-674.

［5］　Sen K, Badu K M. Studies on Indian Silk. I. Macrocharacterization and Analysis of Amino Acid Composition. Journal of Applied Polymer Science, 2004, 92(2): 1080-1097.

［6］　朱新予. 中国丝绸史（通俗）. 北京：纺织工业出版社，1992：288-289.

［7］　李栋高，蒋蕙钧. 丝绸材料学. 北京：中国纺织出版社，1994：64-65.

［8］　丁巧英. 真丝织物的黄变以及防止方法. 江苏丝绸，2007（6）：7-10.

［9］　张晓梅，原思训. 老化丝织品的氨基酸分析研究. 文物保护与考古科学，2003，15（4）：18-26.

［10］　Wang P, Wang Q, Fan X R, et al. Effects of Cutinase on the Enzymatic Shrink-resist Finishing of Wool Fabrics. Enzyme and Microbial Technology, 2009, 44(5): 302-308; Smith E, Shen J S. Surface Modification of Wool with Protease Extracted Polypeptides. Journal of Biotechnology, 2011, 156(2): 134-140; 熊磊，刘洪玲，于伟东. 拉伸羊毛分子结构的显微红外光谱分析. 东华大学学报（自然科学版），2005，31（3）：5-9；明津法，蒋耀兴. 紫外光照下人工汗液浸渍桑丝绸老化性能分析. 丝绸，2010，（11）：9-16；牛梅，戴晋明，侯文生，等. 紫外光辐照对羊毛结构与性能的影响. 材料导报，2010，24（7）：33-36；彭帆，陈霞，黄秀宝. 超声波对羊毛纤维表面形态与内部结晶的影响. 东华大学学报（自然科学版），2011，37（6）：693-697；Garside P, Wyeth P. Crystallinity and Degradation of Silk: Correlations Between Analytical Signatures and Physical Condition on Ageing. Applied Physics A: Materials Science & Processing, 2007, 89(4): 871-876; Sehnal F, Žurovec M. Construction of Silk Fiber Core in Lepidoptera. Biomacromolecules, 2004, 5(3): 666-674; Iyer N D. Silk-The Queen of Textile Fibres-XIII: Dyeing of Silk. Colourage. 2005(7): 65-66; McKittrick J, Chen P Y, Bodde S G, et al. The Structure, Functions, and Mechanical Properties of Keratin. JOM, 2012, 64(4): 449-468; Degano I, Biesaga M, Colombini M P, et al. Historical and Archaeological Textiles: An Insight on Degradation Products of Wool and Silk Yarns. Journal of Chromatography A, 2011, 1218(34): 5837-5847.

［11］　Berghe I V. Towards an Early Warning System for Oxidative Degradation of Protein Fibres in Historical Tapestries by Means of Calibrated Amino Acid analysis. Journal of Archaeological Science, 2012, 39(5): 1349-1359; 赵宏业，吴子婴，周旸，等. 环境温湿度对丝织物光老化性能的影响. 蚕业科学，2013，39（1）：95-99；Huang D, Peng Z Q, Hu Z W, et al. A New Consolidation System for Aged Silk Fabrics: Effect of Reactive Epoxide-ethylene Glycol Diglycidyl Ether. Reactive & Functional Polymers, 2013, 73(1): 168-174; Zhang X M, Berghe I V, Wyeth P. Heat and Moisture Promoted Deterioration of Raw Silk Estimated by Amino Acid Analysis. Journal of Cultural Heritage, 2011, 12(4): 408-411; Colombini M P, Andreotti A, Baraldi C, et al. Colour Fading in Textiles: A Model Study on the Decomposition of Natural Dyes. Microchemical Journal, 2007, 85(1): 174-182; D'Orazio L, Martuscelli E, Orsello G, et al. Nature, Origin and Technology of Natural Fibres of Textile Artefacts Recovered in the Ancient Cities Around Vesuvius. Journal of Archaeological Science, 2000, 27(9): 745-754; Frei K M, Berghe I V, Frei R, et al. Removal of Natural Organic Dyes from Wool-Implications for Ancient Textile Provenance Studies. Journal of Archaeological Science, 2010, 37(9): 2136-2145; Ahmed H E, Ziddan Y E. A New Approach for Conservation Treatment of a Silk Textile in Islamic Art Museum, Cairo. Journal of Cultural Heritage, 2011, 12(4): 412-419; Zhang X M, Yuan S X. Measuring Quantitatively the Deterioration Degree of Ancient Silk Textiles by Viscometry. Chinese Journal of Chemistry, 2010, 28(4): 656-662; Dowling M E, Schlink A C,Greeff J C. Proceedings of the 16th Biennial Conference of the Association for the Advancement Animal Breeding and Genetics. Clayton: Csiro Publishing, 2007: 328-331; Sionkowska A, Skopinska-Wisniewska J, Planecka A, et al. The Influence of UV Irradiation on the Properties of Chitosan Films Containing Keratin. Polymer Degradation and Stability, 2010, 95(12): 2486-2491; Millington K R, Church J S. The Photodegradation of Wool Keratin II. Proposed Mechanisms Involving Cystine. Journal of Photochemistry and Photobiology B: Biology, 1997, 39(3): 204-212; Lionetto F, Frigione M. Effect of Novel Consolidants on Mechanical and Absorption Properties of Deteriorated Wood by Insect Attack. Journal of Cultural Heritage, 2012, 13(2): 195-203; Szostak-Kotowa J. Biodeterioration of Textiles. International Biodeterioration & Biodegradation, 2004, 53(3): 165-170.

［12］ 王玲. 人工加速老化试验方法评述. 涂料工业，2005，35（4）：51-54；张志勇. 非金属材料的氙灯曝露试验概述. 环境技术，2006（1）：14-18；苏州丝绸工学院，浙江丝绸工学院. 制丝化学. 北京：纺织工业出版社，1992.

［13］ 王春川. 人工加速光老化试验方法综述. 电子产品可靠性与环境试验，2009，27（1）：65-69；Feller R L. Accelerated Aging: Photochemical and Thermal Aspects. The Getty Conservation Institute, 1994.

［14］ 郭敏，邱祖明，吴顺清，等. 高仿真模拟古代丝织品文物方法探讨. 安徽农学通报，2010，16（15）：31-42.

［15］ 李茂松. 真丝织物的热泛黄脆化研究. 纺织学报，1990，11（4）：148-151.

第五章　免疫学检测技术

免疫（Immunity）是指机体对"自身"和"非自身"的识别，并特异性地清除非自身的大分子物质，维持自身稳定和平衡的一种生理功能。免疫学（Immunology）则是研究抗原性物质、机体的免疫系统和免疫应答系统的规律和调节、免疫应答的各种产物和免疫现象的一门生物科学[1]。生物体依靠免疫系统识别抗原性物质，同时产生相应的抗体，能与外来物质或自身产生的损伤细胞和癌变细胞特异性结合，继而将其整体排出体外。

目前，在古代纺织纤维科学认知领域使用较为广泛的免疫学检测技术有：酶联免疫吸附检测技术（Enzyme Linked Immunosorbent Assay，ELISA）、免疫荧光显微技术（Immunofluorescence Microscopy，IFM）、免疫印迹技术（Western Blot，WB）、电化学免疫传感器技术（Electrochemical Immunosensor Technology）、免疫磁珠分离技术（Immune Magnetic Bead Separation）和免疫层析试纸技术（Immunochromatographic Strip）等。不同免疫检测方法的灵敏性和检出限有所差异，可以根据样品条件、检测环境和实验要求等因素，选择最适合的方法。其中，酶联免疫吸附检测技术和免疫层析试纸技术分别是在实验室和考古现场应用最普遍的两种技术。

5.1　免疫学检测技术原理

免疫应答反应是指机体抵抗外来病原体的反应，这种反应是一种防御反应，它能够有效地避免机体受到污染物质、细菌、病毒等的攻击。机体自身含有能够对病原体进行特异性识别的细胞，它们分别可以与不同抗原分子表面的抗原决定簇结合[2]。一般来说，机体能够对与机体本身成分相同的抗原表现出一定的抵抗力，而对非机体本身的抗原，机体自身的免疫系统能够将其辨识出来，从而将其清除。能够使机体本身产生相应的免疫应答反应的物质，称之为抗原。抗原的品种特别丰富，常见的有细胞、多糖、蛋白质、核酸、微生物或者低等动物等生物大分子[3]。抗原刺激机体，引起相应的免疫应答反应。免疫应答反应所产生的抗体可以有针对性地识别相应的抗原，并且能够与抗原进行特异性结合，发生凝集或者沉淀等现象，这一反应称作抗原抗体反应[4]。根据抗原和抗体免疫反应这一原理，可以用已知的抗体来检测待测物中的抗原，也可以用已知的抗原来检测血清的抗体。这种抗原抗体反应不仅仅能够在机体内部进行，也能够在机体外部进行，这一特性反应是免疫学检测技术进行的基础。

免疫学检测技术是一种以抗体为分析试剂，对待检测物质进行定量或者定性分析的方法。它是将免疫反应与现代测试技术结合在一起而建立起来的一种新型测试技术，检测所需要的样品量极少，灵敏度很高，并且具有较高的特异性。免疫检测技术的应用已经远远超过了免疫学和医学的范围[5]。近年来，免疫层析技术，特别是胶体金免疫层析试纸技术将胶体金技术、膜技术和免疫技术结合在一起，以其快速、便携的特点，为整个分析领域的发展推进了一步，特别是为残留物的快速检测叩开了一扇崭新的大门。

酶联免疫吸附检测技术是将抗原抗体的特异性反应和酶与底物的显色反应结合在一起而发展起来的灵敏度很高的一种分析技术。它的基本原理是，通过一定的方法将酶标记在抗体上面，然后通过免疫学的方法使抗原与酶标记的抗体进行特异性结合，最后加入底物，底物与酶发生显色反应，有色产物的颜色深浅与待测物质中抗原或者抗体的量呈正相关。通过酶标仪测试出产物在特定波长下的吸光度值，就可以对抗原或者抗体进行定量分析[6]。一般来说，整个酶联免疫过程可以分为三个部分：①免疫反应过程，包括抗原抗体之间以及抗体与酶标抗体之间的反应；②酶催化底物反应过程，底物与酶发生反应，实验操作人员可以根据不同的需要选取不同的酶/底物体系；③结果测定，通常采用酶标仪来检测产物的吸光度，根据吸光度值的大小来判定待检物质的含量高低。

5.2 免疫学检测方法

5.2.1 酶联免疫吸附检测

酶联免疫吸附检测又称为酶联免疫吸附剂测定，是目前在生物医学领域广泛应用的一种抗原或抗体定性定量的检测技术[7]。由于酶的高效生物催化作用，一个酶分子在数分钟内可以催化几十甚至几百个底物分子发生反应，产生的放大作用使得原来极其微乎其微的抗原或抗体在数分钟后就可被识别出来。

酶联免疫吸附检测的基础是抗原或抗体的固相化及抗原或抗体的酶标记：结合在固相载体表面的抗原或抗体仍保持其免疫学活性，酶标记的抗原或抗体既保留其免疫学活性，又保留酶的活性。进行检测时，样品中的受检物质（抗原或抗体）与固定的抗体或抗原结合。通过洗板除去非结合物，再加入酶标记的抗原或抗体，此时，能固定下来的酶与样品中被检物质的量相关。通过加入与酶促反应的底物显色后，根据颜色的深浅可以判断样品中物质的含量，进行定性或定量的分析[8]。

根据待测物类型，酶联免疫吸附检测可以分为双抗体夹心法、间接法、竞争法、捕获法、应用亲和素和生物素的酶联免疫吸附检测[9]。

1. 双抗体夹心法

双抗体夹心法常用于大分子抗原的检测，将已知的抗体吸附在固相载体的表面，加入待测样品，如果样品中含有抗原，则会发生特异性结合，再加入酶标记抗体，即形成具有"夹心"结构的抗体—抗原—酶标抗体结合物。最后通过加入底物后的显色反应对样品中的抗原进行检测分析。同理，若将固相抗体和酶标抗体更换成固相抗原和酶标抗原，则得到可以对样品中的抗体进行检测分析的双抗原夹心法[10]。

具体步骤如下：

（1）固相抗体（抗原）：将特异性抗体（抗原）包被于固相载体，形成固相抗体（抗原），洗涤。

（2）加入含有抗原（抗体）的待测样品，使之与固相抗体（抗原）接触反应一段时间。

（3）加入酶标记特异性抗体（抗原），孵育后洗涤。

（4）加入显色底物，根据颜色反应的程度进行抗原（抗体）的定性或定量分析。固相载体上带有的酶量与标本中受检物质的量正相关。

2. 间接法

间接法可用于抗原和抗体的检测，原理为将待测抗原吸附在固相后依次加入特异性抗体和酶标抗体，或将抗原吸附在固相后依次加入待测抗体和酶标抗体。间接法只需使用不同的抗原（抗体），就能检测与之相应的抗体（抗原），因此应用范围较广[11]。

操作步骤如下：

（1）将特异性抗原与固相载体连接，形成固相抗原，洗涤除去未结合的抗原及杂质。

（2）加稀释的受检血清，其中的特异抗体与抗原结合，形成固相抗原抗体复合物。经洗涤后，固相载体上只留下特异性抗体。

（3）加酶标抗体，与固相复合物中的抗体结合，从而使该抗体间接地标记上酶。洗涤后，固相载体上的酶量就代表特异性抗体的量。

（4）加底物显色，颜色深度代表标本中受检抗体的量。

间接法的优点是只要变换包被抗原就可利用同一酶标抗体建立检测相应抗体的方法。其成功的关键在于抗原的纯度，虽然有时用粗提抗原包被也能取得实际有效的结果，但应尽可能予以纯化，以提高试验的特异性。

3. 竞争法

竞争法主要用于小分子半抗原的测定，就是待测抗原和酶标抗原之间竞争与固相抗体发生特异性反应，若待测样品中的抗原含量越少，则与固相抗体结合酶标抗原越多，显色越深[12]。

具体步骤如下：

（1）将特异抗体（抗原）与固相载体连接，形成固相抗体（抗原），洗涤。

（2）加受检标本和一定量酶标抗原（抗体）的混合溶液，使之与固相抗体（抗原）反应。

如受检标本中无抗原（抗体），则酶标抗原（抗体）能顺利地与固相抗体结合；如受检标本中含有抗原（抗体），则与酶标抗原（抗体）以同样的机会与固相抗体（抗原）结合，竞争性地占去了酶标抗原（抗体）与固相载体结合的机会，使酶标抗原（抗体）与固相载体的结合量减少；参考管中只加酶标抗原（抗体），保温后，酶标抗原（抗体）与固相抗体（抗原）的结合可达最充分的量，洗涤。

（3）加底物显色，参考管中由于结合的酶标抗原（抗体）最多，故颜色最深；参考管颜色深度与待测管颜色深度之差，代表受检标本抗原（抗体）的量；待测管颜色越淡，表示标本中抗原（抗体）含量越多。

4. 捕获法

捕获法又叫做反相间接法，常用于IgM抗体的测定。因为血清中同时存在IgG抗体和IgM抗体，而IgG抗体会对IgM抗体的测定产生干扰，需用捕获法通过固相IgM抗体的作用将血清中IgM固定在固相上，在去除干扰性IgG后进行测定[13]。

其操作步骤如下：

（1）将IgM抗体连接在固相载体上，洗涤。

（2）加入稀释的血清标本，保温反应后血清中的IgM抗体被固相抗体捕获，洗涤除去其他免疫球蛋白和血清中的杂质成分。

（3）加入特异性抗原试剂，它只与固相上的特异性IgM结合，洗涤。

（4）加入针对特异性抗原的酶标抗体，使之与结合在固相上的抗原反应结合，洗涤。

（5）加底物显色，如有颜色显示，则表示血清标本中的特异性IgM抗体存在，是为阳性反应。

5. 亲和素与生物素的结合

亲和素与生物素的结合虽不是免疫结合，但具有特异性强、结合稳定等特点，与酶联免疫吸附检测偶联可以大大提高检测的灵敏度，故而亲和素与生物素系统在酶联免疫吸附检测中有多种应用形式，可以用来间接包被抗原或抗体，也可以用来放大反应结果。预先使亲和素与固相载体表面结合，将原用吸附法包被固相的抗原（或抗体）与生物素结合，使其生物素化。通过亲和素与生物素结合而使生物素化的抗原（或抗体）固相化。这种包被法不仅可增加结合的抗原或抗体量，而且使其结合点充分暴露。此外，也可用生物素化的抗体取代酶标抗体，然后连接亲和素-酶结合物，从而使反应信号放大[14]。

5.2.2　免疫层析试纸检测

免疫层析检测是20世纪90年代初兴起的一种新的技术，它是将抗原抗体免疫反应与膜技术结合在一起的一种方法[15]。事实上，采用不同的示踪物进行标记，免疫层析检测可以分为很多种。目前最常用的是胶体金免疫层析检测[16]。胶体金免疫层析技术相比于其他的免疫检测技术有其独特的优势：①样品的前处理步骤较为简单；②检测的灵敏度比较高，特异性比较强；③检测时间较短，只需要5分钟；④操作简单，携带方便，一根试纸条即可，适合于现场分析；⑤成本低[17]。胶体金免疫层析检测的这些优点使其越来越受到市场的青睐，很多的细小毒素检测条也慢慢流入市场，给检测带来了很大的方便[18]。

胶体金免疫层析试纸的制备一般包括胶体金纳米粒子的制备、特异性抗体的金标记、试纸条的组装三个步骤。其中胶体金的制备是整个实验的基础部分，也是最关键的部分。制备出颗粒均匀、分散度较好的金纳米粒子对整个试纸的制备非常重要。一般来讲，胶体金纳米粒子的大小分散度比较宽，金纳米粒子的外观不规则性较大都会影响到试纸的稳定性。在实验操作的过程中，应该牢牢把握两点：①容器的清洁度，金纳米颗粒的生成很容易受到污染物的影响，因此为了保证金纳米粒子制备的高质量，容器在使用之前一定要经过酸洗和硅化处理，同时要保证容器的清洁；②配制溶液必须要采用三蒸水或者双蒸水[19]。抗体的胶体金标记主要是通过胶体金与蛋白质之间的静电作用力进行牢固结合的，这个结合作用是一个物理过程。因此，标记体系的离子浓度、pH以及两者的比例均会影响蛋白质的吸附过程。一般来讲，当溶液的pH位于蛋白质的等电点附近时，两者的结合作用最强。通常将溶液的pH调到等电点附近，保证蛋白和胶体金的最大结合率。但是，蛋白质等电点往往很难达到，目前有人建议用最小的稳定量，保证蛋白质与更多的胶体金粒子结合[20]。试纸条的组装是整个试纸制备的最后步骤，也是关键步骤。实验中应该不断调试检测线（T线）和质控线（C线）上喷涂的抗原或者抗体的浓度，力求在保证试纸灵敏度的情况下，在最短的时间内获得最佳的显色效果[21]。

常见的胶体金免疫层析试纸主要有间接竞争胶体金免疫层析试纸和夹心胶体金免疫层析试纸[22]。对于间接竞争胶体金免疫层析试纸来讲，T线上喷涂的是抗原，C喷涂的是能够识别一抗的抗体（二抗）。T线上喷涂的抗原分子能够与样品溶液中的抗原分子竞争结合胶体金标记抗体。如果T线和C线均显示红色，说明胶体金标记抗体分子大部分聚集在T线上，而与样品溶液中的抗原结合得较少。此时，样品溶液中不含有抗原或者抗原的量低于检测下限；如果T线不显色，C线显色，说明胶体金标记的抗体大部分与样品溶液中的抗原进行结合，而未在T线上面聚集，此时，样品溶液中的抗原分子的量大于检测下限。若C线均不显色，说明试纸条失效。对于夹心胶体金免疫层析试纸来讲，胶体金结合垫上喷涂的是能与抗原分子其中一个抗原决定簇结合的特异性抗体，T线上喷涂的是能与抗原分子另外一个抗原决定簇结合的特异性抗体。这两类抗体分别能够与抗原分子的不同位点结合，C线上喷涂的是二抗。如果C线和T线均显色，说明抗原分子分别与两种特异性抗体进行了结合，说明样品溶液中的抗原分子的浓度高于检测下限。若T线不显色，C线显色，说明没有抗原-胶体金标记抗体复合物在T线上聚集，即样品溶液中未含有抗原分子或者抗原分子的浓度低于检测下限[23]。若C线不显示红色，说明试纸失效。

胶体金免疫层析试纸以其简单、快捷、便于携带的特点越来越受到市场的青睐。但是胶体金检测试纸灵敏度相对于酶联免疫吸附检测技术还是偏低，对于极其微量样品的检测，胶体金检测试纸显得束手无策。近几年来，免疫荧光试纸，特别是时间分辨免疫荧光层析试纸以其高灵敏度渐渐地受到了研究者的关注[24]。时间分辨免疫层析技术由传统的荧光检测技术发展而来，它采用镧系元素进行标记抗体或者抗原，镧系元素的半衰期可以达到数百微秒，远远大于自然光，而自然界中的普通荧光团的衰变时间仅仅有 $1\sim100\mu s$，样品中的一些蛋白质的衰变时间也只有 $1\sim10\mu s$。在具体的实验操作中，可以通过延长测试时间，来消除背景荧光造成的干扰[25]。因此，时间分辨免疫荧光层析技术能够保持较高的灵敏度。另外，它将荧光标记技术和免疫层析技术相结合，除去了繁琐的洗涤步骤，保持了操作简单的优点。时间分辨免疫荧光层析技术相对于胶体金试纸技术，检测灵敏度比较高，可以进行相对准确的定量分析。

5.3　免疫学检测技术应用

5.3.1　基于酶联免疫检测技术的文物检测

1. 基于酶联免疫检测技术的丝织品文物检测

刘苗苗[26]以丝素蛋白为完全抗原，采用动物免疫制备出了兔抗丝素蛋白抗体，抗体具有较高的特异性。采用酶联免疫检测技术测定对抗原的检出限达到采用间接竞争法的1585ng/mL。在抑制率为4.29%～80.75%时，可以对丝素蛋白进行定量检测。

由图5.1可知，丝素蛋白标准溶液浓度的对数与抑制率之间呈现出S形趋势。在丝素蛋白溶液的浓度为$10^3\sim10^5$ng/mL，（抑制率为4.29%～80.75%）时，丝素蛋白溶液浓度的对数与抑制率之间符合较好的线性关系，R^2=0.992，线性回归方程为y=45.02x-144.7，在此区间内，可以根据线性回归方程对样品进行定量检测。由图5.1可知，采用间接竞争法检测丝素蛋白的最低检出限为1585ng/mL。

图5.1 间接竞争法酶联免疫检测技术对丝素蛋白检测的标准曲线

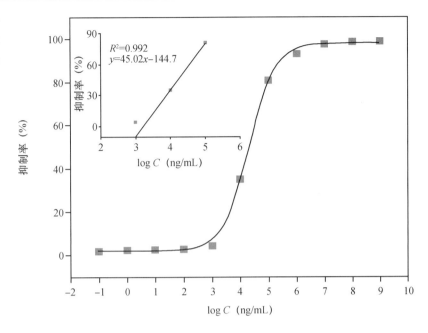

相比于间接法酶联免疫检测技术，间接竞争法酶联免疫检测技术的灵敏度比较低，因此，对于经历过千年腐蚀的织物而言，更适合于采用间接法酶联免疫检测技术来检测。

游秋实[27]以桑蚕丝素蛋白的特征氨基酸序列为半抗原，制备兔抗桑蚕丝素蛋白抗体。采用酶联免疫检测技术测定对抗原的检出限达到158.49ng/mL。对蚕丝和丝织品进行检测，家蚕丝呈阳性结果，野蚕丝均呈阴性结果，说明能有效将家蚕丝从野蚕丝中鉴别出来。

随着丝素蛋白浓度的增加，OD_{450nm}值也随之增加。以丝素蛋白浓度的对数为横坐标，相应OD_{450nm}值为纵坐标的曲线呈S形（图5.2）。在丝素蛋白浓度为$10^3 \sim 10^5$ng/mL，相应OD_{450nm}值为0.438~1.01范围，该曲线呈良好的线性关系。为了进一步量化丝素浓度和OD_{450nm}值的关系，对此范围曲线进行线性拟合，得到标准曲线及其方程：

$$y=0.286\log C-0.42（R^2=0.990）\tag{5-1}$$

临界值（cut-off）定义为阴性对照的OD_{450nm}平均值加上三倍标准偏差。对20组阴性对照进行测试，得到平均OD_{450nm}值为0.203，标准偏差为0.02，则临界值（cut-off）值为0.209。代入以上标准曲线方程，得到对应的最低检出限为158.49ng/mL，即当丝素蛋白的

图5.2　间接法酶联免疫检测技术对系列浓度丝素蛋白的标准曲线

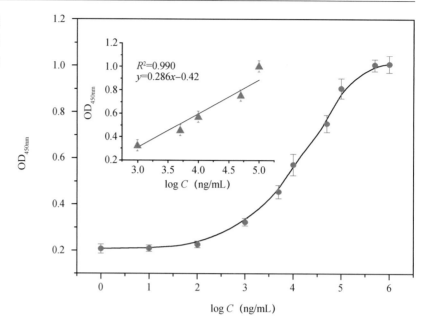

浓度低于该检出限158.49ng/mL时不能被检测出来，反之，当丝素蛋白的浓度高于该检出限158.49ng/mL时才能被检测出来。

使用干扰原牛血白蛋白（BSA）、卵清蛋白、胶原蛋白、人血清蛋白（HSA）、角蛋白和丝胶蛋白，并设立丝素蛋白为阳性对照，这六种蛋白均可能存在葬墓中，对检测造成影响。间接法酶联免疫检测技术对干扰原的检测结果如图5.3所示。其中，BSA、卵

图5.3　间接法酶联免疫检测技术对可能性干扰原的检测

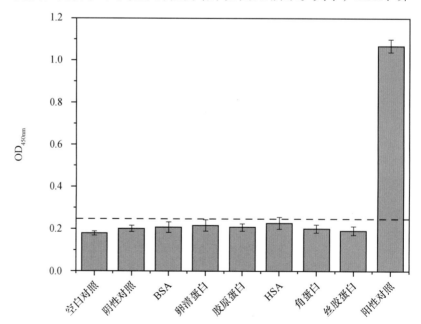

清蛋白和胶原蛋白可能来自古代绘画的结合剂，HSA可能来自墓主人的血液残留，角蛋白和丝胶蛋白可能来自随葬织物。由图可知，只有丝素蛋白表现出阳性结果，其余所有干扰原均呈现出阴性结果，说明该实验中使用的一抗不会与以上六种可能性干扰原发生交叉反应，进一步说明该一抗具有良好的特异性，能够应用于蚕丝的检测研究而不受可能性干扰原的干扰。

经过对抗原抗体最佳结合的确定和灵敏度、特异性等测试后，建立完善的间接法酶联免疫检测方法对蚕丝进行种属鉴定。间接法酶联免疫检测技术对五种蚕丝的检测结果可知（图5.4），只有家蚕丝表现出阳性反应，而野蚕丝均表现出阴性反应。此外，家蚕丝的OD_{450nm}值远远大于野蚕丝的OD_{450nm}值，说明酶联免疫检测具有高特异性，能够有效地将家蚕丝从野蚕丝中区分出来。

为了进一步探究该方法的有效性，三种分别以桑蚕丝、蓖麻蚕丝和柞蚕丝制成的丝织品被应用于间接法酶联免疫检测（樗蚕丝和栗蚕丝很少用于纺织，故未使用由樗蚕丝和栗蚕丝制成的纺织品）。图5.5-a为三种丝织品的外观图片。家蚕丝织品表面光滑、光泽度好、柔软亲肤，而野蚕丝织品表面粗糙、颜色暗沉、手感坚硬。图5.5-b为间接法酶联免疫对丝织品的检测结果。家蚕丝织品表现出明显的阳性结果，而野蚕丝织品均表现出阴性结果，这证实了

图5.4 间接法酶联免疫对不同种属蚕丝的检测

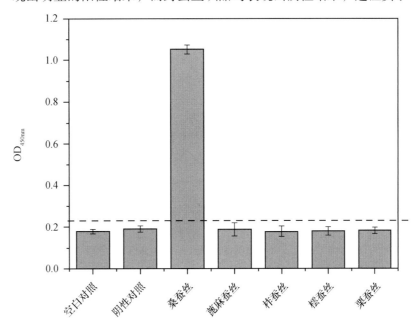

图5.5　间接法酶联免疫对丝织品的检测

桑蚕丝织品

蓖麻蚕丝织品

柞蚕丝织品

a

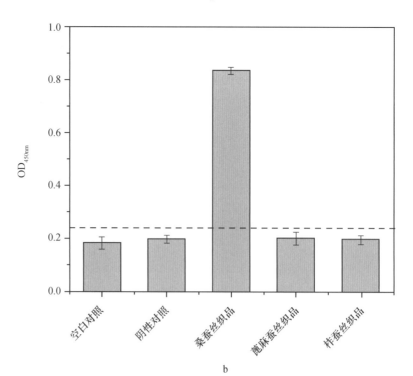

b

酶联免疫方法在蚕丝种属鉴定研究中的有效性和可行性，为古代丝织品文物种属鉴定提供了新方法。

1）矿化丝绸文物样品的酶联免疫鉴定

将建立的酶联免疫检测应用在兴平茂陵三区甾位墓地出土环首铁刀矿化纺织品印痕的免疫学鉴定。环首铁刀出土于咸北环线兴平茂陵三区甾位墓地。铁刀全长118.0cm，刀柄长16.5cm，环长6cm，刀最宽处为3cm，最窄处为1.5cm，刀最厚0.9cm，最窄0.4cm。刀柄上有缠鏃，铁刀上可见多处有残留的纺织品，但纺织品已经完全硬化，表面附着着大量铁锈（图5.6）。

将蚕丝溶解在氯化钙溶液中（氯化钙：水：乙醇的摩尔比为1：8：2），在90±2℃水浴中加热30min。溶液冷却、过滤，后用分子量为8000～14000的透析袋透析，每8小时更换一次去离子水，72小时后得到纯丝素溶液。将丝素溶液冷冻干燥，得到丝素粉。将等量的蚕丝溶解在pH7.4的PBS溶液中，在90±2℃水浴中加热30min。将混合物在14000转/分离心5min，取10μL上清液转移到干净的离心管中。

参照蚕丝的提取步骤对样品S5-1和样品S5-2进行提取。

分别将样品S5-1、样品S5-2和蚕丝的10μL提取液加入两个96孔的酶联免疫平板中，在4℃下孵育过夜。然后取出样品，每孔加入200μL洗脱缓冲液（KH_2PO_4 0.20g，NaCl 8.00g，吐温-20 500μL，KCl 0.20g，$NaHPO_4$ 2.90g于1000mL水中），洗涤3次。将100μL封闭液（1%BSA，pH7.4的PBS）加入孔中，37℃孵育1h，加入200μL

图5.6　咸北环线兴平茂陵三区甾位墓地出土环首铁刀纺织品样品

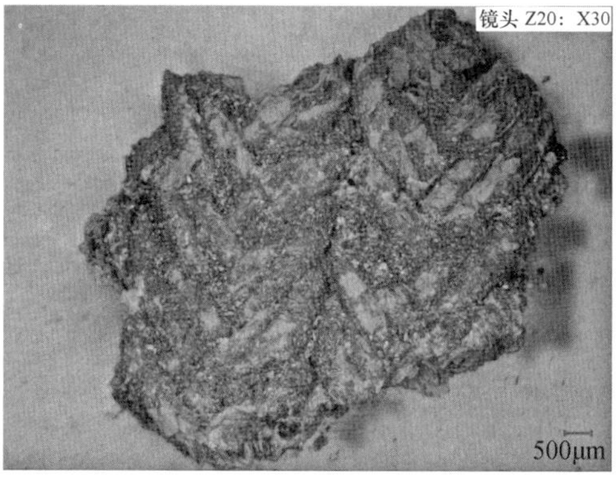

a. 样品S5-1

b. 样品S5-2

洗脱缓冲液洗涤3次。用封闭液按1：3000稀释丝蛋白抗体，加入100μL稀释后的丝素蛋白抗体，37℃孵育1h，再加入200μL洗脱缓冲液洗涤3次。用封闭液按1：5000稀释山羊抗兔IgG-HRP抗体，加入100μL稀释后的羊抗兔IgG-HRP抗体，37℃孵育1h，再加入200μL洗脱缓冲液洗涤3次。最后，向孔中加入100μL TMB溶液，在黑暗环境中孵育10min。加入50μL 2mol/L H_2SO_4溶液终止反应，并在OD_{450nm}处测量样品的吸光度。

酶联免疫试验中设空白对照、阴性对照和阳性对照。以pH为7.4的PBS为空白对照。用pH为7.4的PBS代替丝素多克隆抗体，为阴性对照。蚕丝提取液作为阳性对照。

矿化样品中残余有机质含量非常有限。为了充分提取剩余蛋白，选择了pH值为7.4的$CaCl_2$和PBS萃取液。取3mg矿化样品，分别用$CaCl_2$和PBS提取蛋白质。图5.7为矿化样品$CaCl_2$萃取法（图5.7-a）和PBS萃取法（图5.7-b）的间接法酶联免疫检测结果。样品S5-1呈阴性反应，$CaCl_2$萃取体系的OD_{450nm}为0.321 ± 0.0756，PBS萃取体系的OD_{450nm}为0.401 ± 0.0656，检测结果相似。样品S5-2呈阳性反应，$CaCl_2$萃取体系的OD_{450nm}为1.215 ± 0.0578，PBS萃取体系的OD_{450nm}为1.16 ± 0.06。PBS的萃取效果与$CaCl_2$相近。对于矿化样品，蚕丝织物矿化后，大分子蛋白质会被降解，矿化样品中含有大量小分子肽。这些肽具有很高的可溶性，有利于PBS直接提取。

图5.7　矿化样品不同提取方法的间接法酶联免疫检测结果
a. 用$CaCl_2$溶液提取样品S5-1（样品A）和样品S5-2（样品B），以丝素蛋白为阳性对照
b. 用PBS溶液提取样品S5-1（样品A）和样品S5-2（样品B），以丝素蛋白为阳性对照
虚线显示试验标准（$2.1 \times OD$阴性对照），如果ODS样品高于虚线，则结果为阳性，若低于虚线，则结果为阴性。

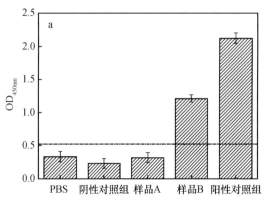
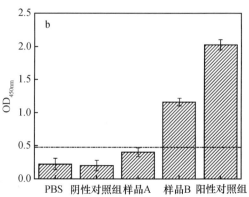

CaCl$_2$萃取体系的溶解能力强，在透析过程中会继续降解肽段，造成小分子肽的损失。通过以上两种萃取体系的比较，CaCl$_2$萃取体系适用于条件相对较好的丝织物，PBS适用于矿化等微量样品的萃取。

将阴性对照组的平均OD值（0.3）与样品A的平均OD值（接近1.2）进行比较，足以验证矿化样品A中是否存在丝素蛋白。这表明，当丝绸织物被铁掩埋时，会发生矿化反应。在这一过程中，由于铁离子具有较强的杀菌作用，铁离子浸入蚕丝纤维中，使其在埋藏过程中免受生化腐蚀，从而保留了部分蛋白质。这一结果也表明，铁刀在埋藏时被丝绸覆盖或包裹。在中原地区，商代就有丝绸包裹金属物的埋葬习俗。在商代遗址中，就曾发现过大量附着在青铜器表面的丝质痕迹。

2）泥化丝绸文物样品的酶联免疫鉴定

首先，采用基于单克隆抗体的间接酶联免疫法检测不同浓度的丝素蛋白，其中一抗（1.36mg/mL）的稀释倍数为1∶1000，二抗（2mg/mL）的稀释倍数为1∶5000。丝素蛋白溶液分别被稀释为1ng/mL、10ng/mL、20ng/mL、30ng/mL、40ng/mL、50ng/mL、60ng/mL、70ng/mL、80ng/mL、90ng/mL、100ng/mL、500ng/mL和1000ng/mL。

利用酶标仪检测各浓度丝素蛋白溶液在波长450nm下的吸光度，得到的标准曲线如图5.8-a所示。随着丝素蛋白溶液的浓度从1ng/mL缓慢增长至1000ng/mL，吸光度的值呈现出一个S形的增长趋势。在1～10ng/mL的浓度范围内，丝素蛋白溶液的OD值没有发生较大的变化，维持在0.3以下，这说明用于包被的丝素蛋白浓度低，导致板底的丝素蛋白过少，不足以固定抗体以至被洗脱。而当样品溶液浓度大于100ng/mL时，OD值的上升趋势趋于缓和，说明抗体已经与丝素蛋白免疫反应完全，导致吸光度无法继续上升。

值得注意的是当丝素蛋白溶液的浓度在10～100ng/mL这个范围内时，OD值和样品浓度展现出一个明显并且良好的线性关系。如图5.8-b所示，将该区域经过线性拟合得到的回归方程是$y=0.0165C+0.0466$（$R^2=0.9939$）（y为OD_{450nm}，C为丝素蛋白浓度），同时计算得出间接酶联免疫的最低检出限（$S/N=3$）为8.71ng/mL。单克隆抗体展现出更低的检测下限，说明它的灵敏度

图5.8　间接法酶联免疫技术对丝素蛋白的检测结果

a. 不同浓度蚕丝蛋白溶液的标准曲线

b. 不同浓度丝素蛋白溶液的校准曲线

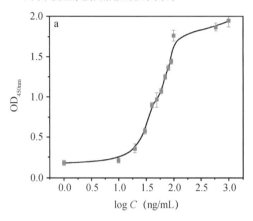
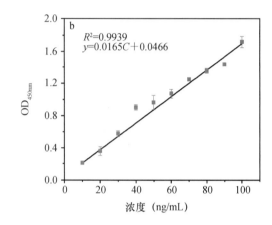

更高，具有更大应用潜能。

采用蛋白提取液溶解来自广东省南海Ⅰ号遗址获取的疑似含有丝绸微痕迹的土壤样S5-3，随后采用间接法酶联免疫技术分别对其进行检测。由图5.9-b可知，在间接法酶联免疫测试中，土壤样品浓度为10mg/mL时显示阳性结果，当样品溶液的浓度逐渐减小，当土壤样品浓度从10mg/mL变为1mg/mL时，OD值急剧减小至阳性检出限以下。上述结果证明，间接法酶联免疫技术适用于泥化丝绸文物样品检测，但当样品浓度低于检测下限时，无法得到阳性结果。

图5.9　南海Ⅰ号遗址出土纺织品疑似样S5-3的（a）形貌和（b）酶联免疫定量分析结果

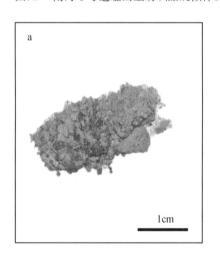
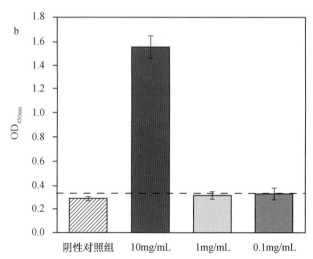

2. 基于酶联免疫技术的羊毛文物微痕迹检测

以角蛋白为完全抗原，采用动物免疫可制备出了兔抗角蛋白抗体，抗体具有较高特异性。采用间接竞争法酶联免疫技术对角蛋白进行检测，最低检出限为28ng/mL，在抑制率为16.65%~85.53%时，可以对角蛋白进行定量分析（图5.10）。

图5.10　间接竞争法酶联免疫技术对角蛋白检测的标准曲线

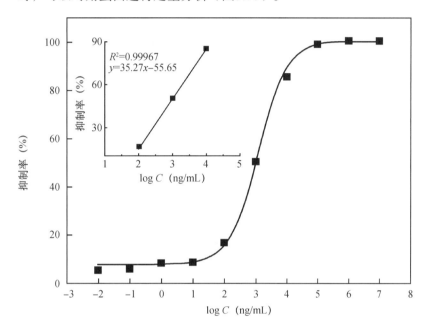

采用间接法酶联免疫技术对角蛋白进行检测的最低检出限为10ng/mL。当角蛋白溶液质量浓度为10^1~10^3ng/mL时，其对应的OD_{450nm}值为0.435~1.758，角蛋白溶液质量浓度的对数与OD_{450nm}值两者呈现较好的线性关系，此区间范围内可对文物样品进行精准定量分析（图5.11）。

以山羊毛角蛋白的特征氨基酸序列为半抗原，绵羊毛中提取的角蛋白为完全抗原，制备得到P抗体和K抗体，经测定两种抗体均具有较好的灵敏性和特异性。

P抗体在抗原浓度为10^1~10^5ng/mL，相应OD_{450nm}值为0.21~1.53范围，该曲线呈良好的线性关系。进一步量化抗原浓度和OD_{450nm}值的关系，对此范围曲线进行线性拟合，得到标准曲线及其方程（图5.12-a）：

$$y=0.330\log C-0.120\ (R^2=0.989)\qquad(5-2)$$

图5.11　间接法酶联免疫技术检测不同浓度角蛋白溶液的标准曲线

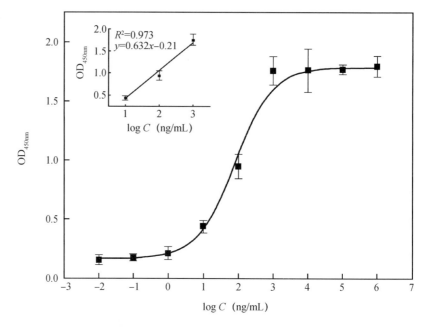

　　K抗体在抗原浓度为$10^2 \sim 10^6$ng/mL，相应OD$_{450nm}$值为0.28 ~ 1.756范围，该曲线呈良好的线性关系。进一步量化抗原浓度和OD$_{450nm}$值的关系，对此范围曲线进行线性拟合，得到标准曲线及其方程（图5.12-b）：

$$y=0.369\log C-0.458 \quad (R^2=0.995) \tag{5-3}$$

　　以P抗体为一抗，对20组阴性对照进行测试，得到平均OD$_{450nm}$值为0.124，标准偏差为0.01，临界值（cut-off）为0.155代入方程（5-2），得到对应的最低检出限为6.81ng/mL；以K抗体为一抗，对20组阴性对照进行测试，得到平均OD$_{450nm}$值为0.202，标准偏差为0.015，临界值（cut-off）为0.247代入方程（5-3），得到对应的最低检出限为81.39ng/mL。

　　抗体的特异性可由抗体与可能性干扰原之间是否发生交叉反应来表征。在设定抗原浓度为10ng/mL，二抗稀释倍数为3000倍，P抗体和K抗体稀释倍数分别为6000倍和2000倍的条件下对可能性干扰原进行测试。图5.13表示采用间接法酶联免疫技术对干扰原的检测结果。实验中使用的干扰原有牛血清蛋白（BSA）、卵清蛋白、胶原蛋白、人血清蛋白（HSA）、丝素蛋白和丝胶蛋白，并设立抗原为阳性对照。这六种蛋白均可能存在葬墓中，对检测造成影响。其中，BSA、卵清蛋白和胶原蛋白可能来自古代绘画的结合

图5.12 间接法酶联免疫技术对系列浓度抗原的标准曲线

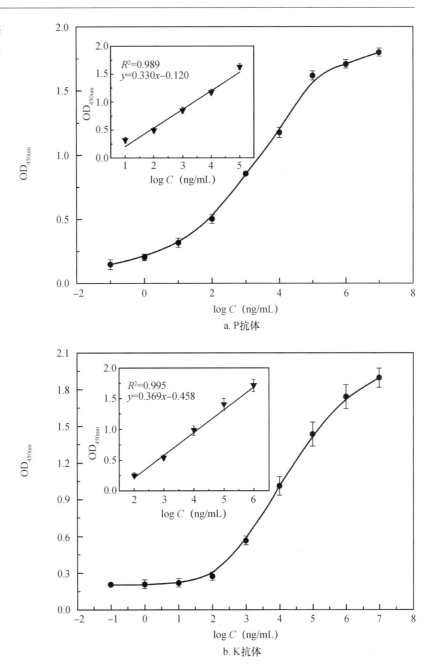

a. P抗体

b. K抗体

剂，HSA可能来自墓主人的血液残留，丝素蛋白和丝胶蛋白可能来自随葬织物。由图可知，只有抗原表现出阳性结果，其余所有干扰原均呈现出阴性结果，说明该实验中使用的两种抗体均不会与以上六种可能性干扰原发生交叉反应，进一步说明两种抗体都具有良好的特异性，能够应用于检测研究而不受可能性干扰原的干扰。

图5.13　间接法酶联免疫技术对可能性干扰原的检测

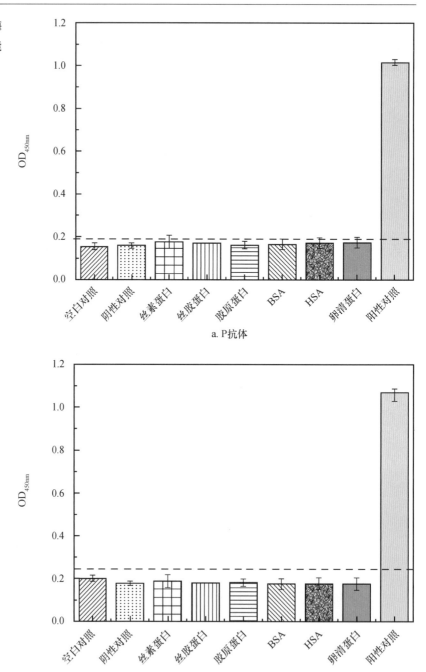

a. P抗体

b. K抗体

5.3.2 基于免疫层析试纸技术的丝织品文物微痕迹检测

1. 兔抗丝素蛋白抗体的制备

用适量的生理盐水溶解丝素蛋白粉，然后与完全弗氏佐剂按体积比1∶1混合，加入一定量的抗生素溶液（链霉素、青霉素），乳化处理。选取2只大白兔（14~16周龄），免疫前先抽取兔耳血样做对照。初次用上述制得的抗原乳化液对兔的后大腿和皮下进行多点注射，每只注射100μL。分别在初次免疫后2、4、6周进行加强免疫。加强免疫所用的乳化物、免疫的方式与初次免疫基本相同，只是使用不完全弗氏佐剂替代完全弗氏佐剂。从第三次免疫开始，每次免疫后10天，从兔子耳朵抽血样，并采用间接法酶联免疫技术进行多抗血清效价测定评估分析。效价达到要求后，杀死兔子收集血液，收集的大量血液置室温下让其凝固。将凝固血液置于37℃温箱内放置30min，再置于4℃冰箱过夜，使血块充分收缩及抗血清完全析出。收集抗血清，4℃ 3000转/分离心10min，分装上清液，放-70℃储存备用。利用免疫亲和层析技术对抗血清进行纯化。层析柱为Protein A层析柱。首先采用20mL 50mM pH7.4的PBS进行预处理，预处理的流速为60mL/h；用50mM，pH7.4的PBS将10mL的抗血清稀释至20mL，稀释后上样，重复上样一次；用20mL 50mM pH7.4的PBS进行清洗柱子，清洗的流速为60mL/h；用0.2M pH3.0的glycine-HCl对抗体进行洗脱；洗脱完成后用含50mM pH7.4的PBS洗涤多肽柱，4℃储存。

2. 胶体金免疫层析试纸的制备

1）金纳米粒子的制备

将100mL的0.01%的氯金酸加热至沸腾，然后边搅拌边加入1.4mL的1%的柠檬酸三钠溶液。金黄色的氯金酸在柠檬酸钠中很快变为紫红色，继续加热煮沸15min，冷却至室温，用蒸馏水补充溶液使之恢复原体积。采用紫外分光光谱仪进行扫描，吸收峰在520nm左右。

2）胶体金标记的兔抗丝素蛋白抗体的制备

胶体金与兔抗丝素蛋白抗体的用量之比的确定：将制备好的胶体金溶液调节pH为8.3，然后分装成10管，每管1mL。采用pH9.0的硼酸盐缓冲溶液将兔抗丝素蛋白抗体（原始浓度为3.15mg/mL）分别稀释为5、10、15、20、25、30、35、40、45和50（单位为µg/mL），然后分别取1mL加入到分装好的胶体金溶液中，混合均匀，其中对照管只加入1mL的稀释液，常温下进行孵育5min。然后在上述各管分别加入100µL的10%的NaCl溶液，混合均匀后常温下孵育2h。观察实验结果，对照组（未加入兔抗丝素蛋白抗体）和加入的兔抗丝素蛋白抗体不足以稳定胶体金的各组，均呈现出了由红色变为蓝色的聚沉现象。与此同时，加入的兔抗丝素蛋白抗体的量超过或者达到最低稳定量的各组仍保持红色不发生变化。稳定1mL的胶体金溶液的红色不变的兔抗丝素蛋白抗体用量，即为标记蛋白质的最低用量。在本次实验中，我们采用增加10%～20%的蛋白质用量，作为待标记的兔抗丝素蛋白抗体的实际用量。此时最佳的用量为19µL的兔抗丝素蛋白抗体加入到15mL的胶体金溶液中进行标记。

兔抗丝素蛋白抗体的胶体金标记：将制备好的胶体金溶液调节pH为8.3，然后取15mL，往里面加入19µL的兔抗丝素蛋白抗体溶液，混合搅拌2min。然后向里面加入1.5mL的1%的BSA来封闭未结合的胶体金的位点，常温下孵育5min。采用高速离心机以8500转/分的速度离心15min。用0.02mol/L的PBS缓冲溶液（pH7.4，0.5%BSA，0.1%吐温-20）洗涤沉淀，共洗涤三次。最后将浓缩的沉淀物稀释在2mL的0.02mol/L的PBS（pH7.4，0.5%BSA，0.1%吐温-20）中，并储存在4℃冰箱中备用。

3）胶体金免疫层析试纸条的制备

将胶体金标记的兔抗丝素蛋白抗体喷涂在玻璃纤维素膜上（喷金仪，速度为1µL/cm），然后将其置于37℃下干燥。将丝素蛋白抗原（4.8mg/mL）和山羊抗兔抗体（1.5mg/mL）分别划在硝酸纤维素膜的检测线（T）和质控线（C）上（划膜仪，速度为1µL/cm），并置于37℃下干燥。

在PVC底板长1.5cm端下测粘贴样品垫，在PVC底板下方距离

1.0cm的地方粘贴胶体金垫（胶体金结合垫与样品垫重合1mm）在PVC底板中间2.5cm处粘贴硝酸纤维素膜（上面喷涂有T线和C线，硝酸纤维素膜和胶体金结合垫重合1mm）。在PVC底板上方2cm处粘贴吸水垫（硝酸纤维素膜和吸水垫重合1mm）。将组装好的板条切成宽4mm的小条装，装在塑料卡里面备用。

4）结果判定

在样品加入口滴加50μL的样品液，在室温下放置5min进行观察。如果塑料卡上面只有T线有红色的条带出现，认为样品溶液中丝素蛋白的浓度高于检测下限，如果塑料卡上面T线和C线均有红色的条带出现，认为样品溶液中丝素蛋白的浓度低于检测下限或者样品溶液中不含有丝素蛋白。若C线不显色，认为试纸条已经失效。

3.时间分辨免疫荧光层析试纸的制备

将铕离子与聚苯乙烯进行复合制备，铕离子包覆在聚苯乙烯微球里面，然后将复合的聚苯乙烯表面羧基化，最后将兔抗丝素蛋白抗体用羧基化的聚苯乙烯微球进行标记。试纸条的组装参考胶体金试纸的组装。

4.胶体金免疫层析试纸检测结果分析

1）间接竞争胶体金免疫层析技术示意图

图5.14表示的是间接竞争胶体金免疫层析技术的示意图，胶体金结合垫上面喷涂的是胶体金标记的兔抗丝素蛋白抗体，T线和C线上面分别喷涂的是丝素蛋白溶液和山羊抗兔抗体。检测时，将样品溶液加入到样品垫，样品中的溶液首先将胶体金结合垫中含有的胶体金标记的丝素蛋白抗体溶解。同时，样品溶液中的丝素蛋白与胶体金标记的兔抗丝素蛋白抗体结合，在层析作用下，向T线移动。到达T线时，样品溶液中的丝素蛋白就与T线上涂覆的丝素蛋白竞争结合胶体金标记的兔抗丝素蛋白抗体，若样品中含有的丝素蛋白浓度高于检测下限，则胶体金标记的兔抗丝素蛋白抗体与T线上涂覆的丝素蛋白结合就会减少，T线上的红色将会减弱直至消失。若样品溶液中含有的丝素蛋白溶液的浓度低于检测下限或者样品溶

图5.14　间接竞争胶体金免疫层析技术示意图

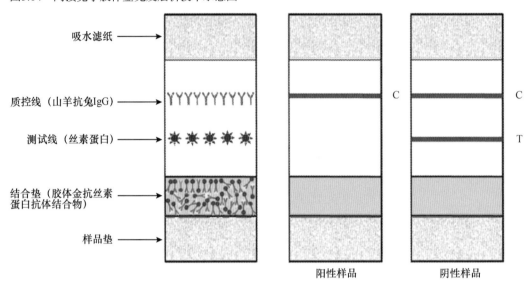

吸水滤纸

质控线（山羊抗兔IgG）

测试线（丝素蛋白）

结合垫（胶体金抗丝素蛋白抗体结合物）

样品垫

阳性样品　　　　阴性样品

液中不含有丝素蛋白，则胶体金标记的兔抗丝素蛋白抗体与T线上涂覆的丝素蛋白结合就会增多，T线上将会显示红色。抗原-胶体金标记的兔抗丝素蛋白抗体或者胶体金标记的兔抗丝素蛋白抗体继续往前移动，到达C线，C线显示出红色。也就是说，若T线不显色，C线显色，说明样品溶液中丝素蛋白的浓度大于或者等于检出限；若C线和T线均显示出红色，说明样品溶液中丝素蛋白的浓度低于检出限或者样品溶液中不含有丝素蛋白；若C线不显色，说明试纸条失效。

2）胶体金免疫层析试纸的灵敏度检测

图5.15表示的是胶体金免疫层析试纸的灵敏度检测。分别用PBS（pH7.4）配制浓度为0.1、0.5、1.0、1.5、2.0和2.5（单位为μg/mL）的丝素蛋白标准溶液，然后进行灵敏度测试，其中PBS组作为空白对照。如图所示，PBS组和丝素蛋白标准溶液浓度为0.1、0.5

图5.15　胶体金免疫层析试纸的灵敏度检测

PBS　0.1　0.5　1.0　1.5　2.0　2.5

和1.0时，C线和T线分别显示出了红色，随着丝素蛋白溶液浓度的增大，T线的红色逐渐减弱，直到丝素蛋白的浓度为1.5μg/mL时，T的红色消失。丝素蛋白标准溶液的浓度为2.0μg/mL和2.5μg/mL时，T线也完全不显色，这表明胶体金免疫层析试纸的灵敏度为1.5μg/mL。

　　　3）胶体金免疫层析试纸的特异性检测

　　　表5.1表示不同抗原的胶体金免疫层析试纸检测结果。分别用PBS（pH7.4）配制浓度为0、5、10、15、20和25（单位为μg/mL）的不同抗原（丝素蛋白、丝胶蛋白、角蛋白、棉纤维、麻纤维、胶原蛋白、人血清蛋白和卵清蛋白）溶液，然后进行胶体金免疫层析试纸检测。由表可知，只有样品溶液为丝素蛋白溶液（浓度为5、10、15、20和25，单位为μg/mL）时，试纸呈现出了阳性结果，其他抗原不论采用多大倍数稀释，均呈现出了阴性结果。这说明采用胶体金免疫层析试纸的方法检测丝织品具有较高的特异性。

表5.1　不同抗原的胶体金免疫层析试纸检测结果

干扰抗原		浓度（μg/mL）					
		0	5	10	15	20	25
丝素蛋白	检测线	+	—	—	—	—	—
	质控线	+	+	+	+	+	+
丝胶蛋白	检测线	+	+	+	+	+	+
	质控线	+	+	+	+	+	+
角蛋白	检测线	+	+	+	+	+	+
	质控线	+	+	+	+	+	+
棉提取物	检测线	+	+	+	+	+	+
	质控线	+	+	+	+	+	+
麻提取物	检测线	+	+	+	+	+	+
	质控线	+	+	+	+	+	+
胶原蛋白	检测线	+	+	+	+	+	+
	质控线	+	+	+	+	+	+
人血清蛋白	检测线	+	+	+	+	+	+
	质控线	+	+	+	+	+	+
卵清蛋白	检测线	+	+	+	+	+	+
	质控线	+	+	+	+	+	+

图5.16表示的是不同浓度的干扰抗原掺杂对丝素蛋白检测的影响。具体的做法是，将10μg/mL的丝素蛋白溶液分别与等量的1μg/mL、10μg/mL、100μg/mL和1000μg/mL的其他抗原（角蛋白、丝胶蛋白、棉提取物、麻提取物、胶原蛋白、人血清蛋白、卵清蛋白等量混合）等量混合，然后进行胶体金免疫层析试纸测试。由图可知，在不同浓度的其他抗原掺杂下，浓度为10μg/mL的丝素蛋白溶液仍然能够清晰地检测出来，这说明采用胶体金免疫层析试纸检测丝织品文物能够准确高效地避开其他杂质抗原的干扰，不同的抗原掺杂对丝素蛋白的检测基本上没有影响，采用胶体金免疫层析试纸对丝织品文物样进行检测具有较高的特异性。

4）胶体金免疫层析试纸的稳定性检测

图5.17表示胶体金免疫层析试纸的稳定性检测。具体处理方法为：将制备好的试纸放置于60℃的烘箱中一个月，取出进行灵敏度测试。分别用PBS（pH7.4）配制浓度为0.1、0.5、1.0、1.5、2.0和2.5（单位为μg/mL）的丝素蛋白标准溶液，进行胶体金免疫层析试纸检测。由图可知，PBS组和丝素蛋白标准溶液浓度为0.1、0.5和1.0的样品组，C线和T线均呈现出了红色，并且随着丝素蛋白标准

图5.16　不同浓度的干扰抗原掺杂对丝素蛋白检测的影响

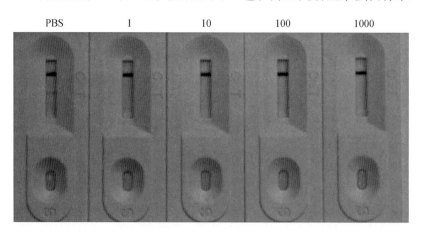

图5.17　胶体金免疫层析试纸的稳定性检测

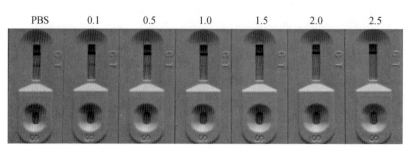

溶液浓度的增大，T线的颜色逐渐减弱直至消失，在丝素蛋白浓度为1.5μg/mL时，T线的红色完全消失，浓度为2.0μg/mL和2.5μg/mL的试纸T线也完全没有显色。经过热处理后的胶体金层析试纸的灵敏度为1.5μg/mL，而热处理前的胶体金免疫层析试纸的灵敏度也为1.5μg/mL，这说明60℃条件下处理一个月对试纸的灵敏度没有造成影响，在某些环境温度较高的考古检测现场，不影响试纸的正常使用。另外，根据延长时间与提高温度的等效性原理，试纸在常温下可以保存得更为长久。

5）胶体金免疫层析试纸对文物样的灵敏度检测

图5.18表示的是胶体金免疫层析试纸对文物样的灵敏度检测。由于文物样的珍贵性，实验中仅仅以宋墓的丝织品文物为例。分别用PBS（pH7.4）配制浓度为0.1、0.5、1.0、1.5、2.0和2.5（单位为μg/mL）的文物样（氯化钙体系溶解）溶液，进行胶体免疫层析试纸检测。由图可知，PBS组和文物样浓度为0.1、0.5、1.0的样品组，C线和T线均呈现出了红色，并且随着文物样浓度的增大，T线的颜色逐渐减弱直至消失，在文物样的浓度为1.5μg/mL时，T线的红色完全消失，浓度为2.0μg/mL和2.5μg/mL的样品组T线也完全不显色。这与丝素蛋白灵敏检测结果基本上是一样的，说明采用胶体金免疫层析试纸对丝织品文物样检测同样具有较高的灵敏度。采用此种方法可以简单、快捷、高效地实现丝织品文物微痕迹的考古现场分析。

6）胶体金免疫层析试纸对模拟泥化丝织品的灵敏度检测

图5.19表示的是胶体金免疫层析试纸对模拟泥化丝织品的灵敏度检测。分别称取1mg的丝素蛋白，用去离子水稀释成10^4、10^3和10^2倍，然后分别取出100mL与1g的标准土样进行混合均匀（丝素蛋

图5.18 胶体金免疫层析试纸对文物样的灵敏度检测

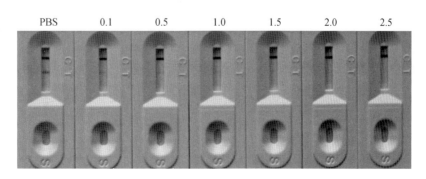

图5.19 胶体金免疫层析试纸对文物样的灵敏度检测

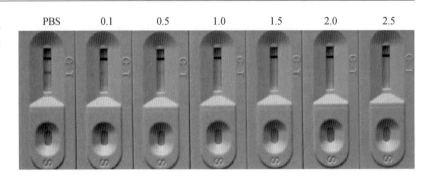

白在土样中的比例分别为$10^{-3}\%$、$10^{-2}\%$和$10^{-1}\%$），放置于50℃烘箱中3天直至水分全部烘干。分别取出冷却至室温，加入100mL的CB（pH9.6）搅拌均匀，静置，取上清液进行胶体金免疫层析试纸检测，PBS组作为空白对照。由图可知，模拟泥化丝织品的浓度分别为10^2ng/mL和10^3ng/mL时，呈现出了阴性结果；模拟泥化丝织品的浓度为10^4ng/mL时，呈现出了阳性结果。这说明胶体金免疫层析试纸对模拟丝织品的灵敏度检测下限为10^4ng/mL（10μg/mL），相比于丝素蛋白和文物残片，测试的灵敏度有所下降，这可能是土样中的各种矿物质离子影响胶体金纳米离子的释放或者直接影响抗体的活性引起的。

5. 时间分辨免疫荧光层析试纸检测结果分析

1）时间分辨免疫荧光层析试纸检测机制

时间分辨免疫层析试纸检测与胶体金免疫层析试纸的检测机制是相同的，都是将标记技术、免疫技术与膜技术结合在一起的一种方法。如图5.20所示，荧光结合垫上喷涂的是荧光微球标记的兔抗丝素蛋白抗体，T线和C线上涂覆的分别是丝素蛋白和山羊抗兔抗体。样品溶液中丝素蛋白溶液的浓度越大，T线上固定的荧光标记兔抗丝素蛋白抗体就越少，在610nm处接收的荧光强度就越小；样品溶液中丝素蛋白溶液的浓度越小，T线上固定的荧光微球标记的兔抗丝素蛋白抗体就越多，产生的荧光强度就越大。根据T线的荧光强度大小，就可以实现样品溶液的定性或者定量检测。

图5.20 时间分辨免疫荧光层析检测示意图

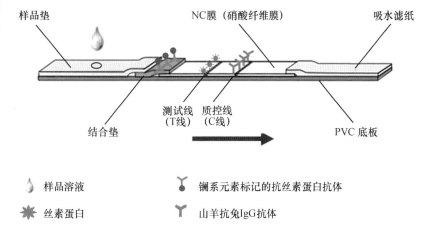

样品垫　NC膜（硝酸纤维膜）　吸水滤纸

测试线（T线）　质控线（C线）

结合垫　PVC底板

🜁 样品溶液　　　　　Y 镧系元素标记的抗丝素蛋白抗体

✴ 丝素蛋白　　　　　Y 山羊抗兔IgG抗体

2）时间分辨免疫荧光层析试纸检测最佳工艺探究

A. 最佳反应时间的确定

图5.21表示的是丝素蛋白溶液的浓度为40ng/mL［稀释剂为PBS（pH7.4）］时，T线的光强度随反应时间的变化。从图中可以看出，随着反应时间的延长，T线的光强度逐渐增大，直到25min时达到平衡。随着反应的进行，荧光微球标记抗体逐渐向T线移动，使T线的光强度越来越强，当层析进行完全的时候，T线的强度达到一个平衡值，因此实验选择25min作为最佳反应时间。

图5.21 T线荧光强度随反应时间的变化

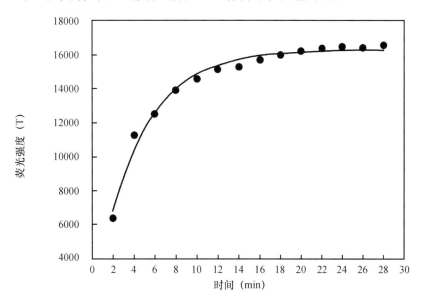

纵轴：荧光强度（T）

横轴：时间（min）

B. 最佳反应温度的确定

图5.22表示的是在丝素蛋白溶液的浓度为120ng/mL〔稀释剂为PBS（pH7.4）〕时，不同的反应温度下T线的荧光强度变化。本次实验中共设置了5个温度，分别是4℃、10℃、25℃、37℃和45℃。从图中可以看出，随着温度的升高，T线的强度先降低后增大，在反应温度为25℃时，T线的强度达到了最小。反应温度较低或者较高时，兔抗丝素蛋白抗体活性都比较低，抗原抗体特异性结合过程进行得也比较慢。另外，温度较低会使层析过程进行得比较缓慢，在相同的时间内，较多的荧光标记抗体聚集在T线区域，使T线的强度增大。而在25℃时，抗体的活性比较强，竞争反应达到了最大，T线的强度达到了最小，因此，实验中选择25℃作为最佳反应温度。

图5.22　T线荧光强度随反应温度的变化

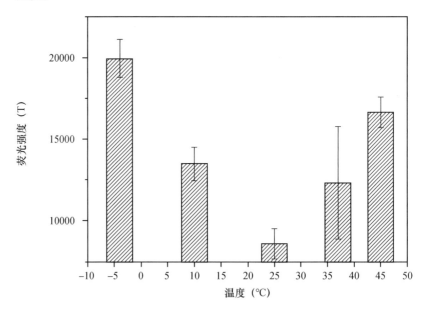

3）时间分辨免疫荧光层析试纸检测标准曲线

图5.23表示的是时间分辨免疫荧光层析试纸检测的标准曲线。分别用PBS（pH7.4）配制不同浓度的丝素蛋白溶液（10、20、30、60、90和100，单位是ng/mL），然后进行测试，最后用荧光读卡仪测试T线的荧光强度。以丝素蛋白溶液的浓度为横坐标，T线的荧光强度为纵坐标，绘制时间分辨免疫荧光层析试纸标准曲线，以丝素蛋白的质量浓度的对数为横坐标，以T线的荧光强度为

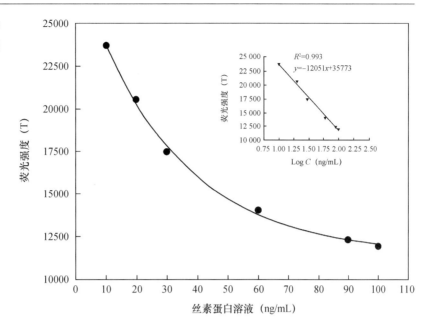

图5.23 时间分辨免疫荧光层析试纸检测标准曲线

纵坐标绘制曲线，发现两者之间呈现良好的直线关系，线性范围为10～100ng/mL（T值范围为11937～23742），线性回归方程为：$y=-12051x+35773$，$R^2=0.993$，R^2接近于1，证明标准曲线的线性关系较为良好。

4）时间分辨免疫荧光层析试纸重复性检测

图5.24表示的是时间分辨免疫荧光层析试纸对不同浓度的丝素蛋白溶液的重复性检测结果。分别用PBS（pH7.4）配制浓度为40、60、80、100和120（单位为ng/mL）的丝素蛋白溶液，每组溶液测试10次，求出每组的平均值和偏差，最后求出相应的批内变异系数值（CV），公式如下：

$$CV（\%）=\frac{T_{\triangle}}{\bar{T}}\times100\%$$ （5-4）

式中$T_{\triangle}$表示10次测试的偏差，$\bar{T}$表示10次测试的平均值。

由图5.24可知，五种浓度的丝素蛋白溶液检测结果均显示批内变异系数介于10%到20%之间，说明此次制备的时间分辨免疫荧光层析试纸重复性良好。另外根据标准曲线的线性关系，由各个浓度的平均值，推导出相应的检测浓度，求出回收率（Recovery），回收率的公式如下：

$$Recovery（\%）=\frac{C_1}{C_2}\times100\%$$ （5-5）

式中C_1表示检测浓度，C_2表示理论浓度。

图5.24　时间分辨免疫荧光层析试纸对不同浓度的丝素蛋白溶液的重复性检测

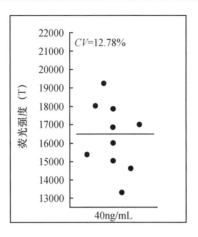

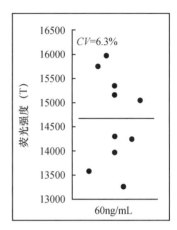

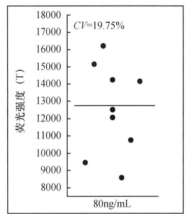

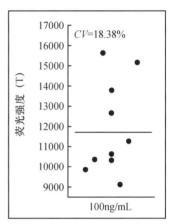

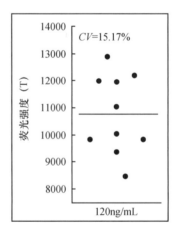

由表5.2可知，各个浓度的丝素蛋白溶液的回收率均大于90%，说明时间分辨免疫层析试纸具有较高的精密性。

表5.2 丝素蛋白溶液的回收率测试结果

$C_{理论}$（ng/mL）	T	$C_{检测}$	CV（%）	Recovery（%）
40	16334.8	41.02	12.78	102.55
60	14663.3	56.49	6.30	94.15
80	12740.1	81.47	19.75	101.84
100	11882.4	95.94	18.38	95.94
120	10759.2	119.12	15.17	99.27

5）时间分辨免疫荧光层析试纸灵敏度检测

表5.3表示的是不同组别的空白对照检测结果。实验中测试了20组PBS（pH7.4）的空白对照组，测出相应的T值，代入到标准曲线回归方程，导出相应的浓度C_{PBS}。同样地，将偏差带入到标准曲线线性回归方程中，导出相应的浓度C_{SD}，将C_{PBS}与三倍的C_{SD}值的和作为该项目的最低检出限。即采用时间分辨免疫层析试纸检测，得到的丝素蛋白溶液的最低检出限为32.26ng/mL。将32.26ng/mL代入到标准曲线线性回归方程中，求出相应的T值为17592，即可认为当样品溶液的T值测试结果大于17592时，溶液中含有的丝素蛋白溶液的浓度低于检测下限或者样品溶液中不含有丝素蛋白，当样品溶液的T值测试结果小于19592时，则认为样品溶液中丝素蛋白的浓度高于检测下限。

表5.3 不同组别的空白对照检测结果

组别	T	C（ng/mL）
1	27101	5.24
2	32000	1.96
3	32250	1.96
4	26031	6.43
5	20164	19.74
6	21492	15.31
7	23500	10.43
8	20312	19.19
9	30820	2.58
10	27304	5.04

续表

组别	T	C（ng/mL）
11	24242	9.05
12	19289	23.33
13	19820	21.08
14	25820	6.70
15	21031	16.72
16	25914	6.58
17	23421	10.59
18	19617	21.91
19	24726	8.25
20	23085	11.29
平均值	24396.95	11.17
偏差	4048.15	7.03

6）时间分辨免疫荧光层析试纸特异性检测

图5.25和表5.4为时间分辨免疫荧光层析试纸的特异性检测结果。分别用PBS（pH7.4）配制浓度为100ng/mL的不同抗原溶液（丝素蛋白、丝胶蛋白、角蛋白、棉纤维、麻纤维、胶原蛋白、人血清蛋白和卵清蛋白），然后进行时间分辨免疫荧光层析试纸检测。由图可知，只有丝素蛋白样品组呈现出了阳性结果（T值小于17592），其他的测试样品呈现出了阴性结果（T值大于17592），并且丝素蛋白样品组测试出的T值与其他蛋白样品组测试出的T值差别也比较大，这说明采用时间分辨免疫层析试纸对丝织品检测具有很高的特异性。

7）时间分辨免疫荧光层析试纸对文物样的检测

图5.26为出土的文物的照片，其中A是来自哈萨克斯坦的羊毛织物S5-4，B为浙江省安吉县五福一号墓的丝织品S5-5，C为浙江省余姚市南宋丞相史嵩之墓的丝织品S5-6。从图中可以看出，出土织物的形态均发生了较大的变化，相对于羊毛织物而言，丝织品文物的破损更为严重，这可能与哈萨克斯坦较干燥的地下环境有关。

实验中分别设置PBS和丝素蛋白为空白对照组。采用PBS（pH7.4）配制出100ng/mL的文物样溶液，进行免疫荧光层析试纸

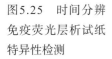

图5.25 时间分辨免疫荧光层析试纸特异性检测

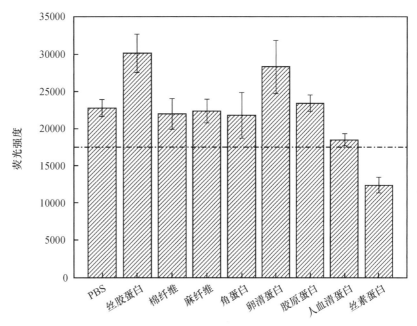

表5.4 时间分辨免疫荧光层析试纸特异性检测

	PBS	丝素蛋白	丝胶蛋白	角蛋白	人血清蛋白	卵清蛋白	胶原蛋白	棉纤维	麻纤维
T_1	21492	11937	30675	18539	17934	23765	23000	20165	20625
T_2	23500	13585	27343	22531	18039	30765	24671	21671	22765
T_3	23320	11671	32328	24453	19473	28461	22549	24250	23757
T_{mean}	22771	12389	30145	21841	18482	27664	23407	22029	22382
标准偏差	1111	1037	2550	3016	860	3567	1118	2066	1601

图5.26 出土文物的照片

（A）哈萨克斯坦羊毛织物S5-4

（B）浙江省安吉县五福一号墓的丝织品S5-5

（C）浙江省余姚市南宋丞相史嵩之墓的丝织品S5-6

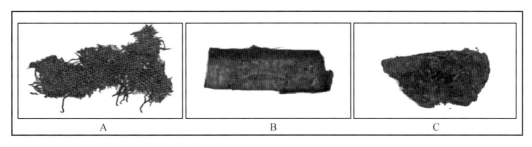

检测。图5.27为定性检测结果，即在紫外照射灯下，试纸的表面发光情况，结果采用数码相机进行拍摄观察。由图5.27可以得知，在365nm的紫外灯照射下，PBS和羊毛文物S5-4组试纸的T线和C线均显示出红色，呈现出阴性结果；丝绸文物S5-5、S5-6和丝素蛋白对照组均只有C线显色，呈现出阳性结果。

图5.27　时间分辨免疫层析试纸对文物样的定性检测

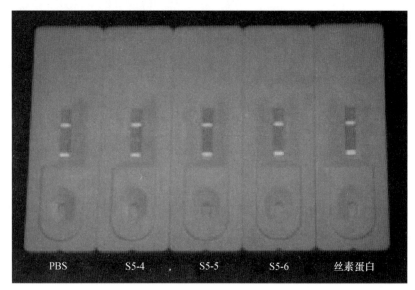

图5.28为时间分辨免疫荧光层析试纸对文物样的定量检测结果，由图可以看出，PBS组和羊毛文物S5-4组测试出的T值远大于17592，呈现出了阴性结果；丝织品文物S5-5和文物S5-6测试出来的T值小于17592，呈现出了阳性结果。这说明采用时间分辨免疫荧光层析试纸技术可以有效地将丝绸文物和羊毛文物鉴别出来。

8）时间分辨免疫荧光层析试纸对文物样的回收率检测

图5.29为时间分辨免疫荧光层析试纸对不同浓度的文物提取液的检测结果。考虑到文物的珍贵性，实验中仅仅以宋墓的丝织品S5-6为例进行检测。用PBS（pH7.4）分别配制浓度为40、60、80、100和120（单位为ng/mL）的文物提取液，然后进行免疫荧光层析试纸检测，得到相应的T值。由图可知，在文物提取液的浓度为40～80ng/mL时，测得的T值基本上都位于17592附近，这属于模糊区。但是随着浓度的增大，在文物提取液的浓度为100～120ng/mL时，测得的T值均小于17592，这说明当文物样的浓度大于或者等于100ng/mL时，一定能够测出阳性结果。根据测得的T值，代入标准

图5.28　时间分辨免疫层析试纸对文物样的定量检测

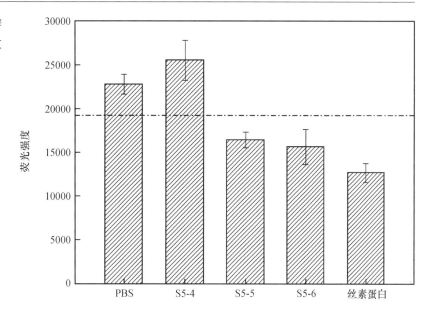

图5.29　时间分辨免疫荧光层析试纸对不同浓度文物提取液的检测

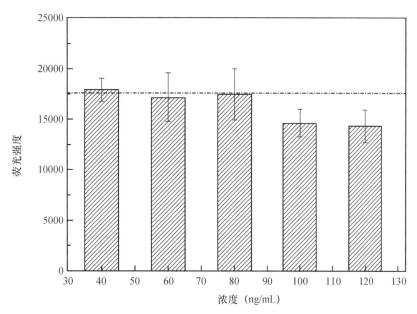

曲线，求出相应的$C_{检测}$，然后求出回收率。由表5.5可知，文物样的回收率基本上全低于80%。这是因为丝绸文物在水、热、氧气以及微生物等的墓葬环境影响下，蛋白质大部分已经断裂为小分子肽段甚至氨基酸。相对于现代织物，分子量的分布比也发生了变化，使现代丝绸提取物制备出来的抗体与文物样的特异性结合能力降低，造成了检测限下降，回收率较低。

表5.5　不同浓度的文物提取液的回收率测试结果

$C_{理论}$（ng/mL）	T	$C_{检测}$	Recovery（%）
40	17921	30.20	75.50
60	17150	35.08	58.47
80	17466	33.04	41.30
100	14614	57.12	57.12
120	14340	59.98	49.98

9）时间分辨免疫荧光层析试纸对丝织品微痕迹的检测

图5.30为时间分辨免疫荧光层析试纸对模拟泥化丝织品微痕迹的检测。分别称取1mg的丝素蛋白，用去离子水稀释成10^6、10^5、10^4、10^3、10^2、10和1倍（对应的浓度分别1、10、10^2、10^3、10^4、10^5和10^6，单位为ng/mL）。然后分别取出100mL与1g的标准土样进行混合均匀（丝素蛋白在土样中的比例分别10^{-5}%、10^{-4}%、10^{-3}%、10^{-2}%、10^{-1}%、1%和10%），放置于50℃烘箱中3天直至水分全部烘干。分别取出冷却至室温，加入100mL的PBS（pH7.4）搅拌均匀，静置，取上清液进行时间分辨免疫荧光层析试纸检测。由图可知，当丝素蛋白的稀释倍数为10^0~10^3时，测得的T值均小于17592，即呈现出阳性结果。当丝素蛋白稀释倍数为10^4~10^6时，测得的T值均大于17592，即呈现出阴性结果。当丝素蛋白稀释10^3倍

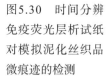
图5.30　时间分辨免疫荧光层析试纸对模拟泥化丝织品微痕迹的检测

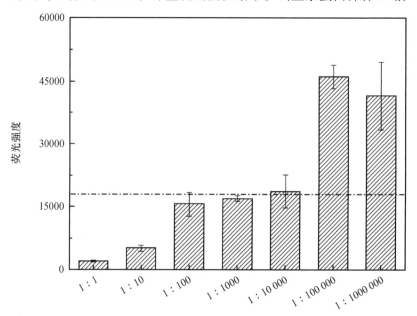

时，测试的T值基本上等于17592，可认为该浓度为时间分辨免疫荧光层析试纸对模拟泥化丝织品检测的最低检出限。此时，丝素蛋白的浓度为1μg/mL，丝素蛋白在土样中的比例为0.01%，这说明采用此种技术对模拟泥化丝织品检测具有很高的灵敏度。

参 考 文 献

[1] 李燕琼. 免疫学快速检验技术的应用与进展. 中国实用医药，2014，9（1）：261-262.

[2] 李天虚. 人体免疫系统简说. 当代医学，2010，16（1）：20；郭峰. 血液免疫反应路线图. 深圳中西医结合杂志，2005，15（1）：1-5；张兴晓. 机体免疫应答的机理及影响因素. 疫苗与免疫，2010（12）：48-49；张有聪，刘淑英. T淋巴细胞和B淋巴细胞的研究进展. 畜牧与饲料科学（奶牛版），2006（5）：75-78.

[3] 刘娟，曹雪涛. 2013国内外免疫学研究重要进展. 中国免疫学杂志，2014，30（1）：1-13；朱庆平，江海燕，钱万强，等. 我国免疫学研究主要进展与发展探讨. 中国基础科学，2007（4）：22-25；葛威，金正耀. 免疫学方法在科技考古学中的应用. 东南文化，2007（6）：41-44；文雪霞，陈化兰，熊永忠，等. 抗原表位鉴定方法的研究进展. 中国畜牧兽医. 2012，39（7）：66-70.

[4] 张春秀. 基于抗原/抗体反应的生物检测技术及其应用研究. 南京：东南大学硕士学位论文，2003；Harlow E, Lane D. Using Antibodies: A Laboratory Press. New York: Cold Spring Harbor Laboratory Press, 1999: 18-20.

[5] 李春生. 免疫检测技术在农畜产品安全检测中的应用. 河北省科学院学报，2009，26（1）：50-54；李军生，叶云，梁超香，等. 免疫检测技术在食品检验中的应用. 广西工学院学报，2005，16（1）：23-26；郑晓冬，何丹. 食品中农药残留免疫检测技术的研究进展. 中国食品学报，2004，4（2）：88-94；蔡勤仁，曾振灵，杨桂香. 兽药残留免疫检测技术应用进展. 动物医学进展，2002，23（2）：25-28；余若祯，何苗，施汉昌，等. 小分子环境污染物的免疫检测技术及其研究进展. 环境工程，2005，23（3）：69-72.

[6] 孙伟，焦奎，张书圣. 酶联免疫分析法研究进展. 青岛化工学院学报（自然科学版），2001，22（3）：209-214.

[7] Reen D J. Enzyme-linked Immunosorbent Assay (ELISA)//Delves P J, Roitt I M. Encyclopedia of Immunology (Second Edition). London: Academic Press, 1998: 816-819.

[8] 孙伟，焦奎，张书圣. 酶联免疫分析法研究进展. 青岛化工学院学报（自然科学版），2001，22（3）：209-214.

[9] 庞保平，程家安，陈正贤. 酶联免疫吸附试验方法的比较. 中国生物防治学报，1999，15

（1）: 31-34.

[10] 段霞，黄欣，黄岭芳，等. 双抗夹心ELISA方法检测食品中单核细胞增生李斯特氏菌. 食品科学，2010，31（24）：272-276；Kim S H, Park M K, Kim J Y, et al. Development of a Sandwich ELISA for the Detection of *Listeria* spp. Using Specific Flagella Antibodies. Journal of Veterinary Science, 2005, 6(1):41-46; Coutu J V, Morissette C, D'Auria S, et al. Development of a Highly Specific Sandwich ELISA for the Detection of *Listeria monocytogenes*, an Important Foodborne Pathogen. Microbiology Research International, 2014, 2(4): 46-52.

[11] 刘剑郁，李晓成，陈德坤，等. 间接ELISA检测犬细小病毒病血清抗体方法的建立. 中国动物检疫，2006，23（3）：27-29；Crowther J R. Indirect ELISA//Crowther J R. ELISA: Theory and Practice. New Jersey: The Humana Press, 1995: 131-160; Denac H, Moser C, Tratschin J D, et al. An Indirect ELISA for the Detection of Antibodies Against Porcine Reproductive and Respiratory Syndrome Virus Using Recombinant Nucleocapsid Protein as Antigen. Journal of Virological Methods, 1997, 65(2):169-181.

[12] 刘曙照，冯大和，钱传范，等. 固相抗体直接竞争ELISA法测定小白菜和苹果中的甲萘威残留. 农药学学报，2001，3（4）：69-73；布冠好，郑喆，郑海，等. 牛乳过敏原β-乳球蛋白间接竞争ELISA检测方法的建立. 中国农业大学学报，2008，13（6）：71-76；Singh R P, Sreenivasa B P, Dhar P, et al. Development of a Monoclonal Antibody Based Competitive-ELISA for Detection and Titration of Antibodies to Peste Des Petits Ruminants (PPR) Virus. Veterinary Microbiology, 2004, 98(1): 3-15.

[13] 赵娜，刘瑞霞，李鲁平，等. 捕获法ELISA检测TP-IgM抗体在各期梅毒诊断及疗效评估中的应用. 中国病原生物学杂志，2015，10（12）：1104-1107；陈禹保，林玉兵，史素娟. 应用捕获ELISA法检测风疹病毒特异性IgM抗体的研究. 中国优生与遗传杂志，2001（增刊）：20-21；郭可謇，宋光远，张礼璧. 应用抗体捕捉ELISA法测定病毒特异性IgM抗体. 病毒学报，1987（1）：91-96.

[14] 张岱，王念跃，任伟宏，等. 生物素-链霉亲和素ELISA检测血清CTGF方法的建立及其初步应用. 中华检验医学杂志，2011，34（11）：993-998；张麟华，焦永真. 用生物素-亲和素ELISA法检测人胚肺二倍体细胞培养的甲型肝炎病毒抗原. 病毒学报，1986（3）：53-56；骆群，张婷. 增强剂在ELISA生物素亲和素间接法试验中信号放大作用的研究. 中国输血杂志，2012（增刊）：72.

[15] 王沛. 免疫层析技术在临床检验诊断应用进展. 医学综述，2000，6（5）：195-196.

[16] 樊淑华，王永立. 胶体金免疫层析技术应用研究进展. 动物医学进展，2014，35（10）：99-103.

［17］ Paek S H, Lee S H, Cho J H, et al. Development of Rapid One-Step Immunochromatographic Assay. Methods, 2000, 22(11): 53-60; 朱玉婵，林密，孙燕燕，等.胶体金免疫层析试纸条快速定量检测型口蹄疫病毒含量方法的建立. 畜牧兽医学报，2014, 45（8）: 1302-1308；李超辉，陈雪岚，郭亮，等. 胶体金免疫层析法定量检测猪肉中克伦特罗. 食品与发酵工业，2013，39（4）: 167-172.

［18］ Chaivisuthangkura P, Senapin S, Wangman P. et al. Simple and Rapid Detection of Infectious Myonecrosis Virus Using an Immunochromatographic Strip Test. Archives of Virology, 2013, 158(9): 1925-1930.

［19］ 张付贤，张兴. 免疫胶体金技术影响因素分析.中国畜牧兽医，2009，36（5）: 199-202.

［20］ Shim W B, Yang Z Y, Kim J Y. Immunochromatography Using Colloidal Gold Antibody Probe for the Detection of Atrazine in Water Samples. Agricultural and Food Chemistry, 2006, 54(26): 9728-9734.

［21］ Shukla S, Leem H, Kim M. Development of a Liposome-based Immunochromatographic Strip Assay for the Detection of *Salmonella*. Analytical and Bioanalytical Chemistry, 2011, 401: 2581-2590.

［22］ 杨宇，谢士嘉，王静，等. 胶体金免疫层析快速定量检测西尼罗病毒抗体方法的建立. 中国国境卫生检疫杂志，2011，34（5）: 307-310.

［23］ Zhang M Z, Wang M Z, Chen Z L, et al. Development of a Colloidal Gold-based Lateral-flow Immunoassay for the Rapid Simultaneous Detection of Clenbuterol and Ractopamine in Swine Urine. Analytical and Bioanalytical Chemistry, 2009, 395(8): 2591-2599.

［24］ Cohen N, Mechaly A, Mazor O, et al. Rapid Homogenous Time-Resolved Fluorescence(HTRF) Immunoassay for Anthrax Detection. Journal of Fluorescence, 2014, 24(3): 795-801; Matsuya T, Otake K, Tashiro S, et al. A New Time-Resolved Fluorometric Microarray Detection System Using Core-Shell-Type Fluorescent Nanosphere and Its Application to Allergen Microarray. Analytical and Bioanalytical Chemistry, 2006, 385(5): 797-806; Zhou B, Zhang J, Fan J, et al. A New Sensitive Method for the Detection of Chloramphenicolin Food sing Time-Resolved Fluoroimmunoassay. European Food Research and Technology, 2015, 240: 619-625.

［25］ Zhang F, Zou M Q, Chen Y, et al. Lanthanide-Labeled Immunochromatographic Strips for the Rapid Detectio of Pantoea Stewartii Subsp. Stewartii. Biosens Bioelectron, 2014, 51: 29-35; Toptygin D, Savtchenko R S, Meadow N D. Homogeneous Spectrally-and Time-Resolved Fluorescence Emission from Single-Tryptophan Mutants of IIA[Gle] Protein. The Journal of Physical Chemistry B, 2001, 105(10): 2043-2055.

［26］　刘苗苗. 基于现代免疫技术的纺织品文物微痕迹检测研究. 杭州：浙江理工大学硕士学位论文，2016.

［27］　游秋实. 基于免疫技术的纺织品文物种属鉴定研究. 杭州：浙江理工大学硕士学位论文，2018.

第六章　蛋白质组学技术

古代纺织纤维蛋白组学技术所涉及的研究内容属于古蛋白组学（Paleoproteomics），从定性和定量的角度去研究分析蛋白质的表达，属于蛋白质组学中最为基础的研究内容。采用蛋白质组学的方法分析现代动物纤维样品，可获得不同种属的标志性蛋白，建立基于蛋白质组学分析古代纺织纤维分析鉴定的方法。进而将所建立起来的蛋白质组学方法应用到古代纺织品文物的研究上，系统分析和解决古代纺织纤维的种属、结构、劣化机理等科学问题。

6.1　蛋白质组学技术原理

6.1.1　基本概念

蛋白质是生物体内重要的结构与功能分子，是各种生命活动切实执行者，是各种生命现象的直接体现者。蛋白质组（proteome）是一种细胞或者一种组织内的基因在某一特定条件下所表达的全部蛋白质[1]。因此，蛋白质组学（proteomics）是研究一种生物体、器官或者细胞器中所有蛋白质的特性、含量、结构、生化与细胞功能以及它们与空间、时间和生理状态的变化。蛋白质组学已经成为生命研究领域中继基因组学之后，又一热门的研究主题，根据其研究的侧重点不同，可粗略地划分为以下三种类型：表达蛋白质组学、结构蛋白质组学以及功能蛋白质组学[2]。

蛋白质组学技术是一种具有高效性、灵敏性、高分辨率的高通量检测技术，可以同时实现对十几个复杂样品的分析检测。典型的蛋白质组学检测过程主要包括三个部分：蛋白质组的提取和分离、生物质谱检测和蛋白数据库对比与分析。首先，选择合适的方法对样品中的所有蛋白质进行提取，如果需要研究其中某个或某些蛋白质的变化，则利用凝胶电泳（1-DE、2-DE）技术，将提取到的蛋白质进行分离，根据目标蛋白的位置，进行切胶处理，蛋白质经胶内酶解后，即可上机进行生物质谱检测；如果需要对全蛋白质组进行蛋白检测，则在蛋白质提取完成后，便可进行溶液内酶解，随后进行生物质谱检测。生物质谱检测技术是蛋白质组学方法的重要核心。常用的质谱分析仪器主要是串联质谱仪，包括Q-Trap质谱仪、Q-TOF质谱仪、Orbi质谱仪等，各自具有不同的精确度、灵敏度和分辨率，会得到不同的MS/MS谱图，可根据检测要求进行选择。将检测到的蛋白质原始数据与蛋白质组学数据库进行对比，根据不同的要求，选择不同的数据处理软件和数据处理模块（定性或定量），调整好相应的参数，完成蛋白质的种类或丰度的检测[3]。

6.1.2　生物质谱检测技术

质谱分析这一项技术如今在各个学科均有着广阔的应用和巨大的发展潜力。其中，质谱技术在生命科学领域的应用，更是为质谱的发展提供了强有力的助力，并形成了特有的生物质谱技术。质谱分析的原理是用于分析的样品分子（或原子）在离子源中离化成具有不同质量的单电荷分子离子和碎片离子，这些单电荷离子在加速电场中获得相同的动能并形成一束离子，进入由电场和磁场组成的分析器，离子束中速度较慢的离子通过电场后偏转大，速度快的偏转小；在磁场中离子发生角速度矢量相反的偏转，即速度慢的离子依然偏转大，速度快的偏转小；当两个场的偏转作用彼此补偿时，它们的轨道便相交于一点[4]。与此同时，在磁场中还能发生质量的分离，这样就使具有同一质荷比而速度不同的离子聚焦在同一点上，不同质荷比的离子聚焦在不同的点上，其焦面接近于平面，在此处用检测系统进行检测即可得到不同质荷比的谱线，即质谱。通过谱图，我们可以得到我们所需样品的分子量、分子结构等诸多重要信息。

生物质谱技术的发展主要是依托于电喷雾质谱技术和基质辅助激光解吸附质谱技术，这两项技术使得质谱技术不再局限于用于小分子物质研究，还可以用于准确分析分子量高达几万到几十万的生物大分子。这一革命性的发展让质谱技术真正的走向了生命科学领域[5]。生物医学方面的几项质谱技术有：电喷雾质谱技术、基质辅助激光解吸附质谱技术、快原子轰击质谱技术、同位素质谱技术。

1. 电喷雾质谱技术

典型的质谱技术离子源是一个金属毛细管，样品溶液从毛细管端流出并在瞬间受到几千伏高压作用，导致待测样品以单电荷或多电荷离子形式进入高真空离子源。目前，受到广泛支持的电喷雾离子化原理是"离子蒸发模型"：在高电场梯度和壳层气作用下，样品溶液从毛细管流出，在电喷雾针出口端形成细小的带电液滴，在加热气流的作用下，液滴中的溶剂逐渐蒸发，液滴直径不断变小，表面电荷密度增加。当液滴表面电荷产生的库仑斥力大于液滴表面张力时，液滴受静电斥力而分裂成细小的液滴。这一过程反复进行，直到离子间的静电排斥力大到一定程度时，挥发度高的离子优先从液滴表面射出，形成的气相样品离子通过锥孔和聚焦透镜进入质谱分析器检测[6]。此外，这一技术的优势在于它可以方便地与多种分离技术联合起来使用，如液-质联用（LC-MS）是将液相色谱与质谱联合而达到检测大分子物质的目的。

2. 基质辅助激光解吸附质谱技术

以具有强紫外吸收的小分子有机酸作为基质，与蛋白质供试品以特定的比例混合加在不锈钢靶上形成共结晶，基质吸收紫外激光（N：激光源，波长337nm）的能量，形成激发态，导致蛋白质的电离和气化，在电场加速下进入真空飞行管道，从而到达检测器，飞行时间正比于离子质荷比的平方根，绝大多数离子可带+1～+3个电荷，谱图一般为多次扫描的累加。这种仪器的优势在于简便、直观、蛋白质混合物不经分离可以直接进行测定，基本不产生碎片峰，同时，它的灵敏度之高是其他类型质谱仪所不能达到的[7]。

3. 快原子轰击质谱（FAB-MS）技术

由于快原子轰击是一种软电离技术，被分析样品无需经过气化而直接电离，所以快原子轰击质谱法常用于分析极性强、不易气化和热稳定性差的样品，如蛋白质、核酸及糖类等。鉴于分析的样品一般都是偶极矩大的分子，基质表面准分子离子受到Ar快原子流轰击接受能量，解吸脱离液面溅入气相中，FAB-MS 谱中主要出现准分子离子峰而很少出现分子离子峰。同时，不排除在气相中溅出样品分子受轰击产生分子离子，但丰度比准分子离子小得多。该技术结构简单、信号持续性和重现性好，是重要的常用质谱手段[8]。

4.同位素质谱技术

同位素质谱是一种开发和应用比较早的技术，被广泛地应用于各个领域，但它在医学领域的应用只是近几年的事。由于某些病原菌具有分解特定化合物的能力，该化合物又易于用同位素标示，人们就想到用同位素质谱的方法检测其代谢物中同位素的含量以达到检测该病原菌的目的，同时也为同位素质谱在医学领域的应用开辟了一条思路[9]。

6.1.3　质谱与蛋白质分析

1. 蛋白质分子量的测定

蛋白质分子量的测定是具有非常重大的意义，目前常规的蛋白质分子量的检测方法有渗透压法、光散射法和超速离心法等，但这些方法都存在样品的消耗量较大、精度较低等缺点。而质谱技术中的MALDL-MS技术因为其灵敏度高、精度高等特点受到了很大重视，通过这项技术分析的蛋白质已有数百种，并且除了一般蛋白质之外，这项技术还可以测定蛋白质混合物的分子量，甚至是经酶降解后的混合物。

2. 蛋白质组研究

蛋白质组是指一个基因组、一个细胞或组织所表达的全部蛋白质成分。蛋白质组的研究是从整体水平上研究细胞或有机体内蛋白质的组成及其活动规律，包括细胞内所有蛋白质的分离、蛋白质表达模式的识别、蛋白质的鉴定、蛋白质翻译后修饰的分析及蛋白质组数据库的构建。质谱技术作为蛋白质组研究的三大支撑技术之一，除了用于多肽、蛋白质的质量测定外，还广泛地应用于肽指纹图谱测定以及氨基酸序列测定等[10]。

　　肽指纹图谱测定是对蛋白酶解或降解后所得多肽混合物进行质谱分析的方法，对质谱分析所得肽片断段与多肽蛋白数据库中蛋白质的理论肽片进行比较，从而判别所测蛋白是已知还是未知。由于不同的蛋白质具有不同的氨基酸序列，因而不同蛋白质所得肽片具有指纹的特征[11]。

6.2　蛋白质组学方法与技术

6.2.1　蛋白质提取技术

　　蛋白质的提取和分离技术在蛋白质的研究中是至关重要的一步。在蛋白质的提取技术方面，目前发展较为成熟的为溶液提取法、酶提取法、双水相萃取法和超声波提取法。溶液提取法主要是利用外加溶液使蛋白质变性，从而形成沉淀析出。因为蛋白质大部分都是具有水溶性的，所以在此基础上形成了水溶液提取法这一技术。该技术具有安全、效率高等优点。李昊等[12]用Tripure试剂、乙醇、异丙醇溶液提取到较为纯净的驴皮蛋白。酶提取法是利用酶能够水解蛋白质多肽链的作用和本身高效、专一的特点。因为酶本身的优秀性质，所以此方法可以明显提升蛋白质的提取效率。双水相萃取法主要是用于提取水溶性蛋白质，它是在一定条件下使亲水性聚合物水溶液形成双水相，然后利用分离物在两相中的配比不同来实现分离。超声波提取法是根据超声波能够影响原料内部分子的三维结构及活性基团分布，从而影响原料与水的亲和力，增强原料的溶解度；并且超声波能够产生强烈微扰、湍动、空化等效应，增强了蛋白质分子之间的能量传递，使蛋白质分子更好地释放出来。

6.2.2 蛋白质分离技术

蛋白质分离技术根据配体特异性的分离方法有亲和色谱法，这种方法的原理为某些蛋白质可以与另外一种称为配体的分子进行特异而非共价结合。这种方法步骤简单，只需一步处理便可以使某种待提纯的蛋白质从很复杂的蛋白质混合物中分离出来。根据蛋白质大小的差别的分离方法有透析法、超滤法。透析法是利用半透膜将分子大小不同的蛋白质分开。超滤法是利用高压力或离心力，强使水和其他小的溶质分子通过半透膜，而蛋白质留在膜上，可选择不同孔径的泸膜截留不同分子量的蛋白质。另外可以根据蛋白质在不同pH环境中带电性质和电荷数量的不同将其分开。常用的方法有电泳法和离子交换层法：电泳法的原理是在相同的pH环境下，不同蛋白质因为分子量和电荷数量的不同导致在电场中的迁移率不同，因此得以分开。现使用较为多的电泳法为SDS聚丙烯酰胺凝胶电泳（SDS-PAGE）、毛细管电泳（CE）、双向电泳（2-DE）和等电聚焦电泳（IEF）；离子交换层法则是用利用蛋白质溶液流经离子交换层析柱时，带有与离子交换剂相反电荷的蛋白质会吸附在离子交换剂上这一原理使蛋白质分离。

6.2.3 蛋白质组数据库对比与分析技术

质谱技术是通过肽段质荷比的匹配来判别蛋白质的种类，其原理就是利用蛋白序列数据库中的多肽质量信息与实际测得的质量信息进行对比而实现鉴定的。因此蛋白质组数据库是研究蛋白质组学的基础，基于质谱技术的蛋白质组学分析或鉴定结果的质量首先取决于数据库的来源与数据库的质量。一般来说都会选用来源于Uniprot或者NCBI的所研究物种对应的数据库。

丝绸是一种天然纤维蚕丝织成的纺织品。熟蚕结茧时会分泌丝液凝固而成一种连续长纤维，就是蚕丝。蚕有桑蚕、柞蚕、蓖麻蚕、木薯蚕等。在古代，丝绸主要就是以桑蚕丝为主的蚕丝织成的，也有少量的柞蚕丝和木薯蚕丝。而现在常见的桑蚕多以家桑蚕为主（*Bombyx mori* L.），一般认为是由野桑蚕（*Bombyx mandarina* Leech）人工驯化而来的。

在Uniprot数据库中，家桑蚕*Bombyx mori*共有263个已审核的Swiss-Prot条目，23190个未审核的TrEMBL条目；野桑蚕*Bombyx mandarina*共有3个已审核的Swiss-Prot条目，842个未审核的TrEMBL条目；柞蚕*Antheraea pernyi*共有13个已审核的Swiss-Prot条目，1010个未审核的TrEMBL条目；蓖麻蚕*Samia ricini*共有7个已审核的Swiss-Prot条目，368个未审核的TrEMBL条目。家桑蚕的数据库完整性远远大于其他蚕，已审核263个蛋白具体结构。

6.3　蛋白质组学技术应用

6.3.1　基于蛋白质组学技术的古代纺织纤维鉴别

鉴定的古代丝绸文物样第一组如图6.1所示，其中a为从浙江省安吉县五福一号墓出土的丝织品文物样S6-1，b为从西藏加嘎子墓地出土的丝织品文物样S6-2。

除了所描述的古代丝织品文物样，还采用现代桑蚕茧、柞蚕茧、蓖麻蚕茧、栗蚕茧四种蚕茧，这些均由中国丝绸博物馆提供，目的是为了建立基于蛋白质组学方法的现代蚕丝鉴定体系，然后将建立起来的方法应用于古代丝织品文物样的分析鉴定研究。

第二组样品如图6.2、表6.1所示。

1. 蚕茧蛋白的提取和分离

首先，提取后样品通过电泳技术进行分离，分离后的不同分子量蛋白分布在凝胶上，选择性地切割凝胶，待胶内酶切后进行质谱检测，或者将所分析的样品直接进行溶解，采用溶液内酶切的方法获得小分子量肽段，然后进行生物质谱检测。对于电泳技术，可以获得样品中不同蛋白质的分子量分布。

图6.1　丝织品文物样的图片

a. 安吉五福一号墓文物样S6-1

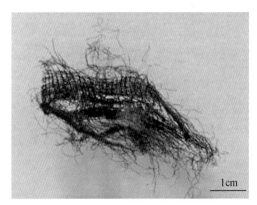

b. 加嘎子墓地文物样S6-2

图6.2　丝织品文物样

a. S6-3　b. S6-4　c. S6-5　d. S6-6　e. S6-7　f. S6-8

g. S6-9　h. S6-10　i. S6-11　j. S6-12

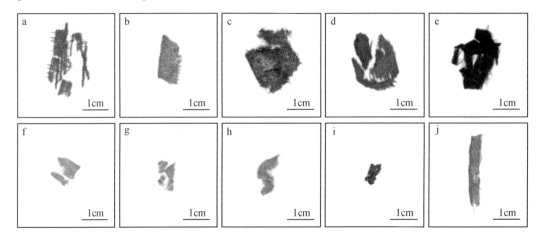

表6.1　丝织品文物样基本情况介绍

样品	年代	出土地点	埋藏地区条件
S6-3	清（1644～1912 AD）	北京	干燥少雨
S6-4	明（1368～1504 AD）	江西南昌	温和湿润
S6-5	南宋（1127～1279 AD）	浙江余姚	潮湿多雨，饱水墓葬
S6-6	魏晋时期（220 BC～420 AD）	新疆库尔勒	沙漠，干旱少雨，昼夜温差大
S6-7	战国时期（475～221 BC）	浙江安吉	潮湿多雨
S6-8	清（1644～1912 AD）	浙江杭州	温和潮湿
S6-9	南宋（1127～1279 AD）	江西德安	温和湿润
S6-10	南宋（1127～1279 AD）	浙江黄岩	潮湿多雨
S6-11	汉（206 BC～220 AD）	浙江杭州	温和潮湿
S6-12	战国时期（475～221 BC）	山东青州	干燥少雨

　　方法一：选取蚕茧样品，使用剪刀从蚕茧中间剪开，去掉蚕蛹以及内部蚕蛹排泄物，剥去蚕茧外层，以1∶100的浴比置于质量分数为0.5%的碳酸钠溶液中，保持温度为98℃沸煮，待1h后，重复此步骤4次，在这个过程中多次轻轻揉搓蚕茧，至丝胶蛋白被完全溶解。将溶液中丝素蛋白捞出，置于质量分数为1%的盐酸溶液中，25℃下保持1h，然后使用温水清洗3遍，以洗去盐离子，最后放于烘箱中烘干。待脱胶后的蚕丝烘干后，按照1∶50的浴比置于配置好的丝素蛋白提取液中，60℃下溶解1h，溶解过程中要经常搅拌。溶解结束后，将丝素蛋白溶液冷却至室温，然后使用质量分数为10%的醋酸缓冲液调节pH至8.5，中和溶解液时使用电磁搅拌器，这样是为了防止形成局部的蛋白质凝块。紧接着，将中和后的溶液倒入截留分子量为8000KDa的透析袋中透析，刚开始时，每1h更换一次去离子水，5次之后，每2h更换一次去离子水，12h之后，每6h更换一次去离子水，24h后每12h更换一次去离子水，待48h后透析结束，使用过滤漏斗将透析后的溶液过滤，去掉透析时析出的杂质，然后将过滤之后的清液放于冷冻干燥箱中干燥，以获得丝素蛋白粉末。称取一定量的丝素蛋白粉末于离心管中，向其中加入100μL的裂解液（4%SDC、50mM的Tris-HCl，pH=8.0），溶解并裂解。使用蛋白浓度定量试剂盒测定离心管中蛋白浓度，然后根据蛋白浓度，取出25μg的蛋白量，并用50mM碳酸氢铵补足到50μL。

向其中加入5.5μL 100mM的DTT（二硫苏糖醇），旋涡振荡几秒，放入37℃的金属浴上1h。再加入6μL 500mM的IAA（碘乙酰胺），旋涡振荡几秒，避光反应0.5h。然后将溶液转移到超滤管中，室温高速离心，控制离心速度为14000g/min，离心15min后，加入200μL 50mM碳酸氢铵［含0.4%SDC（脱氧胆酸钠）］，室温，14000r/min离心15min，重复两次。更换新的超滤管，加入50μL 50mM碳酸氢铵（含0.4%SDC）和2μL的胰蛋白酶（0.5μg/μL），放入37℃恒温培养箱14h。酶切结束后在速度为14000r/min下离心15min；再次加入100μL 50mM碳酸氢铵洗涤，离心速度控制在14000r/min，离心时间为15min，将两次离心之后的液体合并。接着向其中加入35μl 5%TFA（三氟乙酸），旋涡振荡2min，14000r/min离心15min后取上清。使用C18除盐柱进行除盐处理。最终使用50μL质量分数为70%的ACN（乙腈）和质量分数为0.1%的FA（甲酸）将纯化之后的样品洗脱两次，然后将样品放入真空干燥仪中旋转干燥，备用。

　　方法二：选取大小一致的桑蚕茧和柞蚕茧，剥去外层的支架丝，剪开蚕茧，弃去内容物，用去离子水冲洗5次，去除表面的杂质，于60℃的烘箱进行干燥。将干燥的蚕茧剪成碎片，按照1:50的浴比置于9mol/L LiBr溶液中，在130℃下加压溶解5h。待蚕丝蛋白溶液冷却至室温后，倒入截留分子量为3500KDa的透析袋中，置于去离子水中透析除去溶剂小分子和离子，每2h换一次水，透析待72h后，将得到的蚕茧蛋白溶液在是室温条件下过滤，去除析出的杂质。将纯净的蚕茧蛋白溶液进行冷冻干处理，得到桑蚕茧蛋白（记为B.mori-LiBr）和柞蚕茧蛋白（记为A.pernyi-LiBr），研磨成粉后于-20℃保存备用。另外选取大小一致的桑蚕茧和柞蚕茧，剥去外层的支架丝，剪开蚕茧，弃去内容物，用去离子水冲洗5次，去除表面的杂质，于60℃的烘箱进行干燥。将干燥的蚕茧剪成碎片，按照1:50的浴比置于铜乙二胺溶液（CED）中，于60℃下溶解1h。待溶液冷却至室温后，使用质量分数10%醋酸调节蚕茧蛋白溶液的pH至8.5，调节过程中需不断搅拌，防止形成局部的蛋白质凝块。将中和后的溶液进行上述的透析和冷冻干燥处理后，得到桑蚕茧蛋白（记为B.mori-CED）和柞蚕茧蛋白（记为A.pernyi-CED），研磨成粉后于-20℃保存备用。将适量蛋白样品溶于100μL的裂解液（4%SDC溶于50mM Tris-HCl，pH8.0）中，采用Bradford法标定样品的浓度，根据结果，取出100μg蛋白样品（若体积不够100μL，用50mM NH₄HCO₃补足），加入10μL 100mMDTT，振荡混匀，于37℃反应1h。随后，加入10μL 500mMIAA进行烷基化，振荡几秒钟后，避光，室温放置0.5h。将液体移至超滤管，室温离心40min，设置离心速度为14000r/min。加入200μL 50mM NH₄HCO₃（含0.4%SDC），离心洗涤5min，设置离心速度为14000r/min，重复两次。更换超滤管，加入50μL 50mM NH₄HCO₃（含0.4%SDC）和4μL 0.25μg/μL测序级胰蛋白酶，于37℃的恒温培养箱中孵育14h。酶切完成后，将液体在14000r/min转速下离心10min；加入100μL 50mM NH₄HCO₃，在14000r/min转速下离心10min，将两次离心之后的液体合并。随后加入35μL 5%TFA，振荡几分钟，在14000r/min转速下离心10min，取上清液进行除盐处理（使用C18除盐柱）。然后，加入50μL 70%ACN和0.1%FA，将纯化之后的液体离心洗涤两次，得到约100μL的样品。样品经真空干燥后，用50μL 0.1%FA复溶，离心后取上清液进行质谱鉴定。

2. 生物质谱操作流程

方法一：利用超高效液相色谱串联质谱分析酶解之后的蛋白质，获得不同种属蚕丝的标志性蛋白。具体的操作步骤为使用超高效液相色谱串联质谱（LC-MS/MS）分析酶解之后的肽段，液相色谱所用预柱为C18陷阱柱（2cm×100μm），所用分析柱为C18分析柱（15cm×50μm）。液相采用90分钟梯度，流速调节为250nL/min，肽段使用97%~5%的梯度流动相A液（质量分数为0.1%的FA水溶液）洗脱，流动相B（质量分数为0.1%的甲酸乙腈溶液）的梯度设置为3%~95%。质谱测试分析通过装备有纳升电喷雾离子源的Q-exactive质谱仪完成，质谱数据的采集通过使用Xcalibur2.2SPI软件操作，一级母离子扫描范围为300~2000m/z，分辨率设置为70000。质谱数据选择信号排名前20的多肽进行碎裂，碎裂模式为HCD，能量为27%。

方法二：采用赛默飞世尔科技公司（Thermo Fisher Scientific）EASY-nLC 1000系统分离肽段，预柱为Acclaim PepMap 100 C18（5μm，100，100Å，100μmi.d.×2cm，Thermo Fisher），分析柱

为Acclaim PepMap RSLC C18（2μm，100Å，50μm i.d. × 15cm，Thermo Fisher）。液相采用120分钟梯度，流速为220nL/min。流动相A液为0.1% FA水溶液，梯度设置为5% ~ 97%；流动相B为0.1%FA乙腈溶液，梯度设置为4% ~ 84%。采用赛默飞世尔科技公司Q-exactive质谱仪和Xcalibur2.2 SPI软件对样品分别进行质谱分析和相关数据采集。质谱相关参数设置如下：喷雾电压为2.0kV，毛细管温度为275℃。Full MS的扫描范围为300 ~ 2000m/z，分辨率（Resolution）设置为70000，最大离子注入时间（IT）为20ms，最大离子注入数目（AGC）为3×10^{6}；dd-MS^{2}的分辨率（Resolution）设置为17500，最大离子注入时间（IT）为60ms，最大离子注入数目（AGC）为1×10^{6}。

第一组样品LC-MS/MS结果如图6.3所示，四种不同种属的丝素蛋白经酶解之后进行质谱检测获得了保留时间在10 ~ 80min之间的质谱图，质谱图中表示的是每个时间点信号最高的肽段的信号点连成的图。从图中可以看出，桑蚕丝素蛋白在19.25min时出现最高峰，然而柞蚕丝的信号最高点出现得更早一些，在11.89min时达到最大值。蓖麻蚕丝素蛋白和栗蚕丝素蛋白具有接近的达到最高值的时间点，蓖麻蚕在8.79min时出现信号最高点，栗蚕在8.55min出现了信号最高点。同时还可以发现桑蚕丝素蛋白与柞蚕丝素蛋白在68.8min时均有质谱峰，蓖麻蚕丝素蛋白和栗蚕丝素蛋白在72.5min均有质谱峰，可以看到保留时间在5 ~ 30min之间的肽段具有明显差异，于是将这个时间段内的肽段与蛋白质数据库中丝素蛋白氨基酸序列进行比对分析。

LC-MS/MS是鉴定蛋白样品中不同组分的高效快速手段之一，图6.4是不同方法提取的蚕茧蛋白在120min内的质谱图。如图所示，同种样品表现出类似的正离子谱图，大部分多肽（≥85%）在60min内即可流出，且的分子量在2500Da以内，表明大分子蛋白质在酶解过程中已经被降解成小分子多肽（15 ~ 35个氨基酸）。将流出的肽段与相应的蛋白质组数据库对知，在B. mori-CED样品中，共检测出269种肽段，分别属于桑蚕茧蛋白组中的48种蛋白质，每种蛋白质的平均肽段数为5.6。在B. mori-LiBr样品中，共检测到591种肽段，分别属于桑蚕蛋白质组中的87种蛋白质，每种蛋白质的平

图6.3　不同种属蚕丝素蛋白的LC-MS/MS图

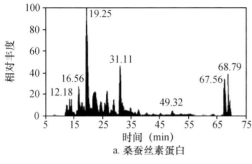

a. 桑蚕丝素蛋白

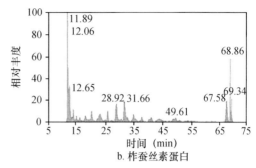

b. 柞蚕丝素蛋白

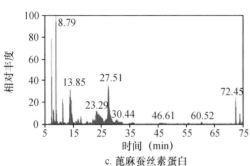

c. 蓖麻蚕丝素蛋白

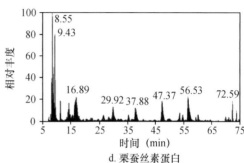

d. 栗蚕丝素蛋白

图6.4　蚕茧蛋白的LC-MS/MS图

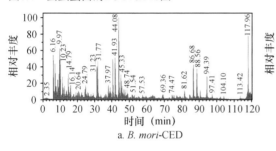

a. *B. mori*-CED

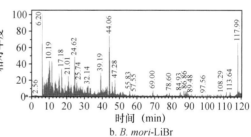

b. *B. mori*-LiBr

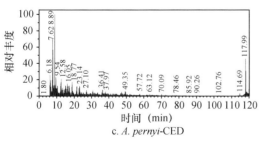

c. *A. pernyi*-CED

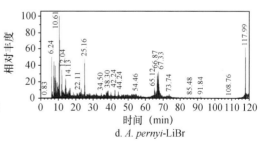

d. *A. pernyi*-LiBr

均肽段数为6.9。在*A. pernyi*-CED样品中，共检测到58种肽段，属于16种蛋白质，每种蛋白质的平均肽段数为3.6。在*A. pernyi*-LiBr样品中，共检测到19种肽段，属于9种蛋白质，每种蛋白质的平均肽段数为2.1。

数据库检索采用蛋白质组发现者软件（Proteome Discoverer software）（Version PD1.4，赛默飞世尔，美国），将质谱检测结果与蛋白数据库Uniprot数据库比较分析，对350～8000Da的前体离子进行搜索，将前体质量公差设置为10ppm。二级碎片离子的分子量偏差最大不超过0.02Da，肽段虚假发现率设置为小于1%。检索包括两种蛋白修饰：氧化和氨基甲基。肽长度设定为7～30个氨基酸。

通过与丝素蛋白数据库比对后，得到如表6.2所示的结果。在桑蚕丝素蛋白样品中，一共有13种蛋白质被鉴定出来，但是其中只有三种属于丝素蛋白，分别为丝素蛋白重链、丝素蛋白轻链与丝素蛋白碎片，所对应的蛋白编码分别为P05790、Q99050、P21828。其中编码为Q99050的蛋白质来源于野桑蚕蛋白质数据库，推测这与桑蚕起源于野桑蚕有关，故现代桑蚕丝样品含有最初野桑蚕的肽段。其中编码为P05790和P21828的蛋白质具有可信有效的多肽数。在柞蚕丝素蛋白样品中，一共有15种蛋白质被鉴定出来，其中只有3种蛋白质是可信的柞蚕丝素蛋白，但是在这三种蛋白质中只有编码为O76786的丝素蛋白来源于柞蚕丝，且具有可信有效的多肽数。在蓖麻蚕中鉴定到3种蛋白质，分别为蓖麻蚕丝素蛋白，桑蚕丝素蛋白轻链和柞蚕丝素蛋白，对于在此样品中检测出了非蓖麻蚕的蛋白质，需要进一步将检测结果与标准的蓖麻蚕丝素蛋白数据库进行比对分析，以排除干扰。在栗蚕样品中，出现了与蓖麻蚕类似的情况，检测到了有效多肽数较多的蛋白质（编码为B6ZIV6），且各项指标数值均高，但同时有另外两种干扰蛋白存在（编码分别为A0A0D5ZYI3和B6VQY0），为了排除干扰蛋白的影响，将桑蚕样品、蓖麻蚕样品与栗蚕样品的LC-MS/MS结果分别与对应的三种蚕丝的丝素蛋白标准数据库进行比对分析。

通过将桑蚕、蓖麻蚕、栗蚕三种样品分别与三种丝素蛋白的标准数据库对比，得到表6.3的交叉鉴定结果。

表6.2　不同种属蚕丝搜索丝素蛋白数据库的结果

样品	蛋白编码	蛋白名称	数值	肽段种类	特有肽段	PSMs	蛋白归属
桑蚕	P05790	丝素蛋白重链	798.51	14	12	240	*B. mori*
	Q99050	丝素蛋白重链（片段）	334.15	5	3	107	*B. mandarina*
	P21828	丝素蛋白轻链	229.25	7	7	110	*B. mori*
柞蚕	O76786	丝素蛋白	2280.07	26	18	577	*A. Pernyi*
	A0A0K0KR733	丝素蛋白重链	457.70	6	1	118	*A. assama*
	Q8ISB3	丝素蛋白（片段）	303.42	5	2	112	*A. mylitta*
蓖麻蚕	A0A0D5ZYI3	丝素蛋白	788.12	26	26	330	*Samia ricini*
	P21828	丝素蛋白轻链	3.56	4	4	4	*B. mori*
	Q93119	柞蚕丝素蛋白	2.04	2	2	2	*A. Pernyi*
栗蚕	B6ZIV6	丝素蛋白（片段）	1218.31	29	29	398	*Dictyoploca japonica*
	A0A0D5ZYI3	丝素蛋白	6.77	2	2	4	*Samia ricini*
	B6VQY0	丝素蛋白（片段）	1.76	4	4	12	*Rhodinia fugax*

　　从表6.3可以看出，编码为P05790和P21828的蛋白质仅仅在桑蚕丝样品中检测出来，同时桑蚕丝样品与另外两种蚕丝数据库没有交叉，而这两种蛋白质在之前的搜库中也检测出来了，因此选择这两种蛋白为桑蚕丝的标志性蛋白。在蓖麻蚕样品中，检测到与标准蓖麻蚕数据库匹配的蛋白质为编码为A0A0D5ZY13和A0A0M4U4A2的两种蛋白，但是后者没有在之前的检测中检测出，为了提高标志性蛋白的普适性，因此选择编码为A0A0D5ZY13的蛋白为蓖麻蚕的标志性蛋白。对于栗蚕样品，除了与标准栗蚕数据库有匹配的蛋白外，同时在与蓖麻蚕数据库比对之后也检测到了两种蛋白，因此这两种蛋白可以被排除，故而选择编码为B6ZIV6的蛋白为栗蚕的标志性蛋白。对于柞蚕样品，则可直接选取编码为O76786的蛋白为其标志性蛋白。

　　将建立起来的鉴定蚕丝种属的蛋白质组学方法应用在古代文物样品的检测上，表6.4为使用该方法分析文物样a（安吉五福一号墓文物样）和文物样b（加嘎子墓地文物样）的检测结果。从表6.4

表6.3　桑蚕、蓖麻蚕、栗蚕的交叉鉴定结果

样品	*B. mori database*			*S. ricini database*			*d. Japonica database*		
	蛋白	丝素蛋白	蛋白编码	蛋白	丝素蛋白	蛋白编码	蛋白	丝素蛋白	蛋白编码
桑蚕	16	2	P05790 P21828	6	0	0	2	0	0
蓖麻蚕	3	0	0	9	2	A0A0D5ZY13 A0A0M4U4A2	0	0	0
栗蚕	0	0	0	9	2	A0A0M4U4A2 A0A0M5MR79	5	1	B6ZIV6

表6.4　丝织品文物样的蛋白质组学检测结果

样品	蛋白编码	数值	特有肽段	PSMs
文物样a	Q99050	2.65	1	1
文物样b	O76786	109.48	5	41

可以发现在文物样a中检测出了编码为Q99050的蛋白质，并且只检测出了这一种蛋白质，这个蛋白质在桑蚕丝样品中同样也检测出，且并没有在其他种类的蚕丝样品中发现，根据前述内容，可推断文物样a为桑蚕丝织品。由于文物样具有年代悠久的历史，没有检测出家蚕的氨基酸序列而只有野桑蚕的氨基酸序列，刚好印证了家蚕是随着时间的不断推进而逐步被驯养得来，继而有了后来的大量家蚕丝织物。在文物样b中，检测发现了柞蚕丝含有的标志性蛋白（O76786），同样只检测出了这一种蛋白，同时也只有柞蚕丝样品含有这种蛋白，因此推断文物样b为柞蚕丝织品。

　　根据蛋白质的功能，可将检测到的桑蚕茧蛋白分为7大类，分别是：丝素蛋白、丝胶蛋白、seroin蛋白、酶、蛋白酶抑制剂、未知功能的蛋白和其他功能蛋白。表6.5列出了不同方法提取的桑蚕茧蛋白中已知功能的组分。在两个桑蚕蚕茧蛋白样品中，均检测到4种丝胶蛋白（丝胶蛋白、丝胶蛋白1、丝胶蛋白1B和丝胶蛋白3）和3种丝素蛋白（丝素蛋白重链、丝素蛋白轻链和P25蛋白）。同时，在*B. mori*-LiBr样品中，还检测到丝胶蛋白1（F1D9A4）、丝胶蛋白2（D2WL77）和丝素蛋白轻链（P21828）。研究表明[13]，丝素蛋白和丝胶蛋白是蚕丝的主要成分，依靠丝氨酸残基之间形成的

表6.5　桑蚕茧蛋白样品中检测到的已知功能的蛋白质

蛋白种类	样品	蛋白名称	蛋白编码	特异多肽	数值	PSMs	蛋白种属
丝胶	B. mori-CED	丝胶蛋白	O96852	2	21.07	9	BOMMO
		丝胶蛋白1	P07856	18	590.5	369	BOMMO
		丝胶蛋白1B	Q17240	6	440.02	271	BOMMO
		丝胶蛋白3	A8CEQ1	24	98.72	61	BOMMO
	B. mori-LiBr	丝胶蛋白（片段）	O96852	3	72.86	35	BOMMO
		丝胶蛋白1	F1D9A4	1	54.57	42	BOMMA
			P07856	24	1355.41	688	BOMMO
		丝胶蛋白1B	Q17240	4	852.51	475	BOMMO
		丝胶蛋白2	D2WL77	3	3.73	3	BOMMO
		丝胶蛋白3	A8CEQ1	30	325.61	154	BOMMO
丝素	B. mori-CED	丝素蛋白重链	P05790	6	464.87	245	BOMMO
		丝素蛋白重链（片段）	Q99050	2	153.81	100	BOMMA
		丝素蛋白轻链	P21828	10	228.16	116	BOMMO
		P25蛋白	Q9BLL8	4	7.04	8	BOMMA
	B. mori-LiBr	丝素蛋白重链	P05790	9	329.56	153	BOMMO
		丝素蛋白重链（片段）	Q99050	2	124.99	65	BOMMA
		丝素蛋白轻链	P21828	10	76.16	44	BOMMO
		P25蛋白	Q9BLL8	2	11.83	19	BOMMA
		P25蛋白	H9IVR6	1	8.25	14	BOMMO
Seroins	B. mori-CED	Seroin 2蛋白	Q8T7L7	4	35.08	22	BOMMO
	B. mori-LiBr	Seroin 2蛋白	Q8T7L7	5	6.13	7	BOMMO
酶	B. mori-CED	葡萄糖神经酰胺酶	H9JUB6	1	1.85	1	BOMMO
		羧酸酯水解酶	B0FGV8	3	1.77	3	BOMMO
		肽基脯氨酰基顺反异构酶	H9J3H2	2	1.65	2	BOMMO
	B. mori-LiBr	葡萄糖神经酰胺酶	H9JUB6	5	1.98	6	BOMMO
			H9IV49	1	1.64	1	BOMMO
		羧酸酯水解酶	B0FGV8	8	5.07	11	BOMMO
			H9JN73	1	0	1	BOMMO
		肽基脯氨酰基顺反异构酶	H9J3H2	1	0	1	BOMMO
		β-己糖胺酶	A4PHN6	13	19.69	22	BOMMO
		β-葡萄糖醛酸苷酶	H9J7K8	2	0	2	BOMMO
		β-半乳糖苷酶	H9JBC0	1	0	1	BOMMO
		ATP依赖性（S）-NAD（P）H-水合物脱水酶	H9JSY0	1	0	1	BOMMO
		脂肪酶	H9JSY6	3	0	3	BOMMO

续表

蛋白种类	样品	蛋白名称	蛋白编码	特异多肽	数值	PSMs	蛋白种属
蛋白酶抑制剂	B. mori-CED	羧肽酶抑制剂	Q1HQ32	1	1.93	1	BOMMO
		胰蛋白酶抑制剂	P81902	1	1.90	2	BOMMO
		丝蛋白酶抑制剂	Q8T7L6	1	0	1	BOMMO
		丝氨酸蛋白酶抑制剂-28	C0J8H7	1	0	2	BOMMO
	B. mori-LiBr	羧肽酶抑制剂	Q1HQ32	4	26.36	15	BOMMO
		丝蛋白酶抑制剂	Q8T7L6	1	13.15	8	BOMMO
		丝氨酸蛋白酶抑制剂-28	C0J8H7	3	19.01	16	BOMMO
		胰蛋白酶抑制剂	P81902	2	1.62	10	BOMMO
		丝氨酸蛋白酶抑制剂-16	C0J8G5	1	0	1	BOMMO
		真菌蛋白酶抑制剂	H9JHU4	2	1.79	4	BOMMO
其他功能蛋白	B. mori-CED	载脂蛋白	G1UIS8	5	3.94	5	BOMMO
		30K蛋白29（片段）	H9B462	1	0	1	BOMMO
		HIRA蛋白	H9JB06	1	0	1	BOMMO
		假想中肠蛋白Bm123	C1K001	1	0	1	BOMMO
其他功能蛋白	B. mori-LiBr	载脂蛋白	G1UIS8	7	30.09	52	BOMMO
		30K蛋白29（片段）	H9B462	6	7.68	10	BOMMO
		气味结合蛋白	C0SQ81	1	1.87	1	BOMMO
		免疫聚集素	Q7Z1E5	1	1.86	1	BOMMO
		热休克蛋白70-3	F8UN44	2	1.61	2	BOMMO
		铁蛋白	H9JGX1	1	0	1	BOMMO
		保幼激素结合蛋白	Q402D9	1	0	1	BOMMO
		肌动蛋白解聚因子1	A0A0S1MMI8	1	0	1	ANTPE
		Yellow-f（片段）	E9L3M4	1	0	1	BOMMA
		脂质储存液滴蛋白1	B5A4A4	1	0	1	MANSE

氢键和半胱氨酸参加之间形成的二硫键紧密结合。蛋白质组学数据表明，桑蚕蚕茧样品中所检测到的丝素蛋白均为其特有蛋白，可作为标志性蛋白进行蚕茧蛋白种属检测。此外，在两种样品中均检测seroin2蛋白，它是seroin蛋白中的一种，是桑蚕茧蛋白中的小分子蛋白质。

此外，seroin蛋白在桑蚕吐丝结茧的过程中大量表达[14]，可能与蚕茧的形成和稳定有关，同时对细菌和核多角体病毒的生长具有抑制作用，起到保护蚕茧的作用。在*B. mori*-LiBr样品中，共检测到8种不同功能的酶，而在*B. mori*-CED样品中的仅检测到3种。这些酶包括糖基水解酶、脂肪酶、亲环蛋白型PPI酶和NnrD/CARKD酶等，这些酶具有良好的催化活性，在新陈代谢和生命相关的化学反应中发挥重要作用。此外，在*B. mori*-LiBr样品中检测到更多的蛋白酶抑制剂和其他功能蛋白质，这两类蛋白质可以保护蚕茧免受细菌、真菌和病毒的侵害。该结果表明，不同的提取方法对桑蚕茧蛋白质组的影响不同，相比之下，LiBr样品中溶液可以提取更多种类的蛋白质。

相比之下，柞蚕茧样品中检测到的蛋白质仅有5类，分别是丝胶蛋白、丝素蛋白、酶、未知功能蛋白和其他功能蛋白。如表6.6所示，在*A. pernyi*-CED样品中，鉴别出6种丝胶蛋白和3种丝素蛋白，而在*A. pernyi*-LiBr样品中，仅鉴别出1种丝胶蛋白和2种丝素蛋白，而其他种类的蛋白也有类似的鉴定结果。对比结果表明，铜乙二胺溶液在柞蚕茧蛋白质组提取过程中，更能保持蛋白的完整性和多样性。其中，丝素蛋白O76786是中国柞蚕特有的蛋白质，可以作为标志性蛋白；检测到的丝胶蛋白1（P07856）属于桑蚕种属，丝胶蛋白1（A0A292FZY2）、丝胶蛋白2（A0A292FSM9）、丝胶蛋白3（A0A292G020）、丝胶蛋白4（A0A292FYX5）和丝胶蛋白5（A0A292FZN0）则属于日本柞蚕。同样，其他种类中的蛋白质也存在同一种属物种间共享的现象[15]，推测这些物种可能有共同的祖先，环境选择导致其种属差异。

采用基于强度的绝对定量（Intensity Based Absolte Quantification，iBAQ）程序，运用MaxQuant 1.4.0.8软件，对鉴定出来的蛋白质进行定量分析。图6.5是蚕茧蛋白质组中不同蛋白质的丰度图。由图6.5-a可知，*B. mori*-CED样品中蛋白质组的iBAQ强度较高，*B. mori*-LiBr样品蛋白质组中各类蛋白组分都具有较理想的丰度，更有利于进一步分析研究。从图6.5-c可知，丝素蛋白、丝胶蛋白和Seroin蛋白是桑蚕茧蛋白质组中含量最多的3种蛋白质，三种组分在*B. mori*-CED样品中的含量为：丝素蛋白76.9%，丝胶蛋白10.7%，Seroin蛋白8.7%；而在*B. mori*-LiBr样品中，丝素蛋白的含量下降为44.5%，丝胶蛋白含量升高到19.5%，Seroin蛋白含量升高

表6.6 柞蚕蚕茧蛋白样品中检测到的已知功能的蛋白质

蛋白种类	样品	蛋白名称	蛋白编码	特异多肽	数值	PSMs	种属
丝胶	A. pernyi-CED	丝胶蛋白1	P07856	3	4.24	4	BOMMO
			A0A292FZY2	2	5.17	3	ANTYA
		丝胶蛋白2	A0A292FSM9	10	55.84	26	ANTYA
		丝胶蛋白3	A0A292G020	2	44.94	20	ANTYA
		丝胶蛋白4	A0A292FYX5	6	61	26	ANTYA
		丝胶蛋白5	A0A292FZN0	1	1.98	1	ANTYA
	A. pernyi-LiBr	丝胶蛋白3	A0A292G020	1	0	1	ANTYA
丝素	A. pernyi-CED	丝素蛋白	O76786	10	98.99	49	ANTPE
		丝素蛋白	Q8ISB3	2	11.78	8	ANTMY
		丝素蛋白重链	B0FRJ4	1	2.62	1	BOMMO
	A. pernyi-LiBr	丝素蛋白	O76786	9	449.81	142	ANTPE
		丝素蛋白	Q8ISB3	1	12.42	13	ANTMY
酶	A. pernyi-CED	棕榈酰转移酶	H9JKR8	1	0	1	BOMMO
其他功能蛋白	A. pernyi-CED	丝氨酸蛋白酶样蛋白酶	Q0Q006	1	5.81	3	ANTMY
		富含核苷酸半胱氨酸的蛋白质	E9KG17	1	2.01	2	OXYMO
		小分子热休克蛋白27.4	H9J8I1	1	0	1	BOMMO
	A. pernyi-LiBr	细胞色素P450	L0N6I8	1	0	1	BOMMO
		假定角质层CPG32蛋白	D0VEM7	1	0	1	BOMMO
		小分子热休克蛋白27.4	H9J8I1	1	0	2	BOMMO

到21.9%，除此之外，酶（0.13%）和蛋白酶抑制剂（5.77%）的含量也相对增加。由图6.5-b、d可知，A. pernyi-CED样品的总iBAQ强度较高，且主要蛋白质的含量分别为：丝胶蛋白41.90%，丝素蛋白47.89%，其他功能蛋白10.19%，结果较为合理。而在A. pernyi-LiBr样品中，丝素蛋白的丰度高达96.48%，其他蛋白含量过低。样品中各蛋白组分的丰度结果表明，丝素蛋白是蚕茧蛋白的重要且主要组成部分，可以作为鉴别蚕茧种属的标志蛋白。蛋白质组学定性和定量结果同时表明，溴化锂溶液适合作为桑蚕茧蛋白的提取溶液，铜

图6.5　蚕茧蛋白质组中鉴定出的蛋白质丰度

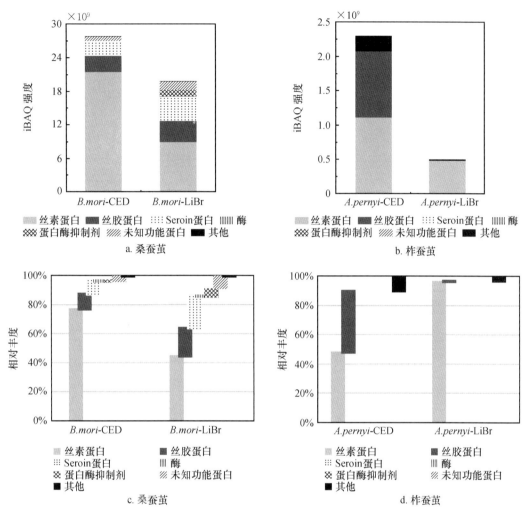

乙二胺溶液更适合作为柞蚕茧蛋白质的提取液，能较好地保持桑蚕茧蛋白的完整性和多样性。更值得注意的是，在柞蚕茧中检测出的蛋白质种类和数量都远低于桑蚕茧，这不仅和提取过程的蛋白损失有关，更重要的是中国柞蚕种的蛋白质组数据库还不完整，需要后续大量的工作对数据库进行完善。

6.3.2　基于蛋白质组学技术的古代纤维劣化评估

为从分子水平探究丝素蛋白的降解过程，所有的文物样品都进行了LC-MS/MS测试，同时选取人工劣化样中具有代表性或变化比较明显的样品SF、SF-2、SF-6、SF-8、SF-12、SF-24一起进行蛋白质组学分析。LC-MS/MS鉴定出的多肽数量如图6.6所示，其中大多数肽段属于蛋白质的特异性多肽。在10个文物样中，共检测到345段多肽，分别属于28种蛋白质；在对照样和人工劣化样中，共检测到445段多肽，分别属于30种蛋白质。其中，丝素对照样中鉴定出的多肽数目最多，而文物样品中的多肽数目仅为对照样中的一半，甚至更少，这表明文物样中的蛋白质分子发生严重破坏和降解。在文物样中，样品S6-8和S6-9中检测出的多肽数目最少，而样品S6-3和S6-4检测出的多肽数目最多；样品S6-7和S6-12是年代最久远丝织品，属于战国时期，距今约2300年，但其中检测到的多肽数量竟然比汉晋和南宋时期的文物样更多。另一方面，在人工劣化样品中，检测出的多肽数目呈规律性下降趋势，样品SF-24中的多肽数目正好和文物样S6-3和S6-4接近。

在鉴定出的所有蛋白质中，有8种蛋白质是蚕丝蛋白的主要成分，且具有较多的特异性多肽和较高的序列覆盖率，其蛋白编码和名称如表6.7和表6.8所列。所有文物样和劣化样中均鉴定出丝素蛋白重链（P05790）、轻链（Q7JYG3），但仅在文物样S6-12中检测到丝素蛋白的轻链部分（A3RJZ3）和丝素部分（M1JV05），这表明在大多数文物样中，这2种编码的蛋白已经完全降解；同时仅在

图6.6　丝织品文物样和人工劣化样中鉴定出的肽段数量

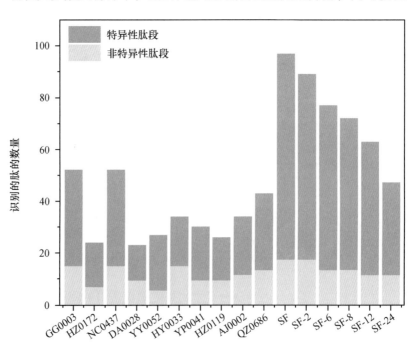

文物样S6-5中未检测到P25链（H9IVR6），可能是该文物样埋藏的环境条件加速了P25链的降解。除了丝素蛋白的主要成分外，还在样品中检测到丝胶蛋白1（P07856）和Seroin2（Q8T7L7）。Seroin是蚕丝蛋白中的一类小分子蛋白质，起着抗菌和保护的作用[16]。丝胶是蚕丝蛋白的主要成分之一，附着在丝胶蛋白表面，起着粘连和保护的作用[17]。实验结果表明，无论是古代常用的缫丝和练丝工艺，还是现代工业常用的碱脱胶方法，都无法完全去除丝胶蛋白。但在长久的埋藏或劣化过程中，丝胶蛋白可实现完全降解。

采用LFQ定量技术分析同种蛋白质组分在不同样品中的相对丰度，其结果如图6.7所示。重链、轻链和P25的相对丰度随着埋藏时间或劣化时间的延长大体上呈现下降趋势，表明所有的组分都发生破坏和降解。但重链在样品S6-3、S6-10和S6-4中的相对丰度都高于其他文物样，同时，轻链在样品S6-3、S6-4和S6-12中的相对含量也高于其他文物样。进一步比较分析发现，3种组分在样品S6-4、S6-10和S6-12中的含量都高于与其相邻的样品，这种临近样品间与时间呈负相关的变化趋势表明，埋藏环境与降解过程密切相关，其影响甚至可能会大于埋藏时间。值得注意的是，在劣化初期，轻链在人工劣化样中的相对含量快速上升，而后再逐渐下降，这说明在碱劣化过程初期，轻链的降解相对较少。

表6.7 丝织品文物样中鉴定出的主要蛋白质

蛋白编码	蛋白名称	样品									
		GG 0003	HZ 0172	NC 0437	DA 0028	YY 0052	HY 0033	YP 0041	HZ 0119	AJ 0002	QZ 0686
P05790	丝素蛋白重链	√	√	√	√	√	√	√	√	√	√
Q1KS45	丝素蛋白重链（片段）	√	×	√	×	√	√	√	×	√	×
Q7JYG3	丝素蛋白轻链	√	√	√	√	√	√	√	√		√
A3RJZ3	丝素蛋白轻链（片段）	×	×	×	×	×	×	×	×	×	√
H9IVR6	Fibrohexamerin（P25）	√	√	√	√	×	√	√	√	√	√
M1JV05	丝素蛋白（片段）	√	×	×	×	×	×	×	×	×	√
P07856	丝胶蛋白1	√	×	√	×	×	×	×	×	×	×
Q8T7L7	Seroin2	√	×	√	×	√	×	×	×	×	√

表6.8　人工劣化样中鉴定出的主要蛋白质

蛋白编码	蛋白名称	样品					
		SF	SF-2	SF-6	SF-8	SF-12	SF-24
P05790	丝素蛋白重链	√	√	√	√	√	√
Q1KS45	丝素蛋白重链（片段）	√	√	√	√	√	√
Q7JYG3	丝素蛋白轻链	√	√	√	√	√	√
A3RJZ3	丝素蛋白轻链（片段）	√	√	√	√	√	√
H9IVR6	Fibrohexamerin（P25）	√	√	√	√	√	√
M1JV05	丝素蛋白（片段）	√	√	√	√	√	√
P07856	丝胶蛋白1	√	√	√	√	√	×
Q8T7L7	Seroin2	√	√	√	√	√	√

采用iBAQ定量技术分析单一样品中不同蛋白质组分的相对含量，其结果如图6.8所示。通过比较不同组分的含量发现，在文物样S6-4、S6-6、S6-11、S6-7、S6-12和丝素对照样中重链的相对丰度都在55%～65%之间，但样品S6-9、S6-5和S6-10中的重链含量高于84%，样品S6-3和S6-8中的重链含量低于22%。此外，样品S6-8、S6-6中P25链的相对丰度极低，在样品S6-5中甚至完全消失。样品中不同组分含量的差异表明，丝织品文物样中不同组分的降解速率各不相同，再次印证其降解行为和埋藏环境相关。相比之下，人工碱劣化样中重链、轻链和P25的相对丰度具有明显的时间相关性，且重链的相对含量明显偏低，表明重链的降解严重。

采用蛋白质组学方法鉴定丝绸文物样种属，特别是找出不同种属蚕丝的特征标志性蛋白，然后将建立起来的方法成功应用到丝绸文物样的种属鉴定中，这为除丝绸以外的其他纺织品鉴定提供了新的指导方向和研究思路。采用蛋白质组学技术对蚕茧蛋白进行研究，确定了蚕丝蛋白的组成和丰度，建立起基于蛋白质组学的蚕丝检测和劣化研究方法，并将该方法成功用于丝织品文物样的劣化降解研究中，成功地从分子水平上反映了丝素蛋白的降解特性，为蚕丝的劣化降解机理提供了新的思路。当然，本研究仍然存在一些问题，例如在研究柞蚕茧蛋白质的种类和丰度时，由于柞蚕蛋白质组学数据库的不完善，导致鉴定出的柞蚕蛋白质种类和数量偏低，这需要对柞蚕种属进行大量的研究，才能使结果更加完善和准确。在

图6.7 丝素蛋白的LFQ定量

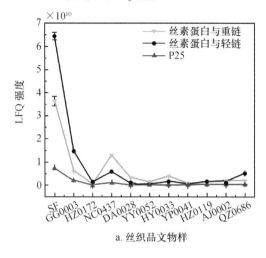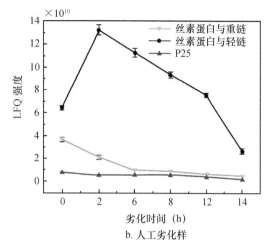

a. 丝织品文物样　　　　　　　　b. 人工劣化样

图6.8 丝素蛋白的iBAQ定量

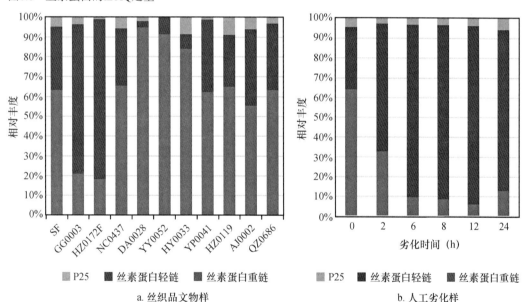

a. 丝织品文物样　　　　　　　　b. 人工劣化样

　　对丝织品文物的劣化降解研究中，可以通过模拟样品的劣化过程，研究柞蚕文物样的劣化机理，以便在进行不同丝绸的鉴定时选择可靠的检测方法，同时需要更大量的文物样本，来支撑本研究得出的结论，确保该劣化降解规律的准确性。

参 考 文 献

[1] 刘嘉，李冬，王徐，等. 蛋白质组学的研究进展. 现代医药卫生，2019，35（9）：1380-1384；赵群，张丽华，张玉奎. 蛋白质组学技术前沿进展. 应用化学，2018，35（9）：977-983.

[2] Milan J A, Wu P W, Salemi M R, et al. Comparison of Protein Expression Levels and Proteomically-Inferred Genotypes Using Human Hair from Different Body Sites. Forensic Science International: Genetics, 2019, 41: 19-23; Liu Z Y, Zhou Y, Liu J, et al. Reductive Methylation Labeling, from Quantitative to Structural Proteomics. Trends in Analytical Chemistry, 2019, 118: 771-778; Wasik A A, Schiller H B. Functional Proteomics of Cellular Mechanosensing Mechanisms. Seminars in Cell & Developmental Biology, 2017, 71: 118-128.

[3] 金秋阳，刘鑫宇，胡晶红. 蛋白质的提取、分离与纯化研究进展. 山东化工，2017，46（14）：35-38.

[4] 吕茂民，章金刚. 生物质谱技术及其应用. 生物技术通报，2001（4）：38-41.

[5] 谭生建，刘刚，姜韧，等. 生物质谱技术研究进展及其应用//中国药学会. 2007年全国生化与生物技术药物学术年会论文集. 中国药学会，山东省科学技术协会，2007：7.

[6] 牛燕燕，郑彩娟，罗由萍. 电喷雾质谱技术在中药分析中的应用. 广州化工，2016，44（5）：11-13.

[7] 郑永红，杨松成. 生物质谱技术在蛋白质结构鉴定中的应用进展. 中国生化药物杂志，2003（6）：305-308.

[8] 罗云，丁婧. 生物质谱技术及其在医学中的应用. 检验医学与临床，2008（4）：228-230.

[9] 罗可文. 同位素质谱用于医学的最新进展. 质谱学报，1995，16（4）：10-13.

[10] Roepstoff P. Mass Spectrometry in Protein Studies from Genome to Function. Current Opinion in Biotechnology, 1997, 8(1): 6-13.

[11] Wise M J, Littlejohn T G, Humphery-Smith I. Peptide-Mass Fingerprinting and the Ideal Covering Set for Protein Characterisation. Electrophoresis, 1997, 18(8): 1399-1409.

[12] 李昊，黄美娟，张少权，等. 驴真皮中主要蛋白的组成及其相互作用的研究. 中国中药杂志，2006，31（8）：659-662.

[13] Tanaka K, Kajiyama N, Ishikura K, et al. Determination of the Site of Disulfide Linkage Between Heavy and Light Chains of Silk Fibroin Produced by *Bombyx Mori*. Biochimica et Biophysica Acta, 1999, 1432(1): 92-103.

[14] Nirmala X, Mita K, Vanisree V, et al. Identification of Four Small Molecular Mass Proteins in the

Silk of *Bombyx Mori*. Insect Molecular Biology, 2001, 10(5): 437-445.

［15］ Solazzo C, Fitzhugh W W, Rolando C, et al. Identification of Protein Remains in Archaeological Potsherds by Proteomics. Analytical Chemistry, 2008, 80(12): 4590-4597.

［16］ Singh C P, Vaishna R L, Kakkar A, et al. Characterization of Antiviral and Antibacterial Activity of *Bombyx Mori* Seroin Proteins. Cellular Microbiology, 2014, 16(9): 1354-1365.

［17］ Dong Z M, Zhao P, Wang C, et al. Comparative Proteomics Reveal Diverse Functions and Dynamic Changes of *Bombyx Mori* Silk Proteins Spun from Different Development Stages. Journal of Proteome Research, 2013, 12(11): 5213-5222.

第七章 同位素分析技术

具有相同质子数、不同中子数（或者不同质量数）的同一元素的不同核数互为同位素[1]。同位素可分为两大类：放射性同位素和稳定同位素。稳定同位素是指某元素中不发生或及不易发生放射性衰变的同位素。稳定同位素中一部分是天然形成的，例如 ^2H、^{13}C、^{15}N、^{18}O 等[2]，有一部分是由某些放射性元素衰变而形成的，如 ^{87}Sr 由 ^{87}Rb 衰变产生。由于同位素之间在物理化学性质上存在着差异，使反应物和生成物在同位素组成上会有所不同，产生所谓同位素效应（Isotope Effects）[3]，同位素效应是利用同位素分析技术进行相关研究的基础。这种效应使物质的组成元素在物理变化、化学反应以及生物进程中会发生同位素分馏（fractionation），使得质量较轻的同位素在某些物质相中富集，而质量较重的同位素在另一些物质相中富集，最终表现在不同物质相之间的同位素组成不同，因此同位素技术在生态学、地球化学及农产品产地溯源[4]等领域具有广泛应用。在古代纺织纤维认知领域，目前主要利用同位素技术进行纺织品产地溯源的探索性研究。

丝绸作为天然纺织纤维的一种制品，是古代中国出产的重要商品，在历史时期欧亚大陆东西方贸易和文化技艺交流过程中发挥了重要的作用，"丝绸之路"也由此得名。研究古代丝绸的来源，对研究东西方文化技艺交流历史有重要意义。图案、式样及织造技术等是判断丝绸源地的重要方法，但鉴于文明的交融互汇，这些方法不足以为古代丝绸的来源提供确凿的证据。考虑到千百年来家蚕食性单一，只吃桑叶，其食物来源中的同位素会从桑叶传到蚕茧，而丝绸所用丝纤维基本是由蚕茧中的主体成分丝素蛋白构成，因此在蚕茧上或由蚕茧制成的丝线和织物上会留下永久的地标印记，即特定的同位素组成特征，这些特征信息一定程度上能反映丝绸产地来源信息。因此利用同位素技术进行古代丝绸制品的溯源，对于准确判断一件古代丝绸制品的产地具有重要的价值和现实意义。

7.1 同位素分析原理

7.1.1 稳定同位素溯源技术

由于生物体内的同位素组成受气候、环境和生物代谢类型等因素的影响，不同种类及不同地域来源的农产品原料中稳定同位素自然丰度存在差异，利用这种差异可以区分不同种类的产品及其可能的来源地区。因此，同位素丰度的分馏效应是稳定同位素溯源技术的基本原理和依据。

同位素分馏主要有三种类型：热力学平衡分馏、动力学非平衡分馏和非质量相关分馏。在生态学研究中，尽管这些分馏一般情况下都很小，但却非常重要。

同位素间的物理和化学特性的区别是由同位素原子核的质量不同引起的。由质量差异引起的结果是双重的：①较重的同位素分子的移动性较弱，和其他分子碰撞的频率也较低；②较重的分子一般具有较高的结合能。因此，同位素分馏的程度与同位素间原子质量差别大小成正比。

当体系的其他物理、化学性质不发生变化，同位素在不同物质或物相中维持这种状态就叫同位素平衡状态。当体系处于同位素平衡状态时，同位素在两种物相间的分馏称为同位素平衡分馏。在讨论同位素平衡分馏时可以不考虑同位素分馏的具体机理，而把所有的平衡分馏看作同位素交换反应的结果加以处理，这时发生的同位素平衡分馏其分馏数与温度有关，即发生的热力学平衡分馏。

动力学非平衡分馏，即动力学分馏，是指偏离同位素平衡而与时间有关的分馏，即同位素在物相之间的分配随着时间和反应进程而不断变化。自然界许多过程会产生同位素动力学分馏，如单向化学反应、水分蒸发、分子扩散和生物过程等。CO_2通过植物叶片上气孔的扩散过程出现的同位素分馏，就是一种常见的物理过程动力学非平衡分馏[5]。动力学分馏产生的原因是轻同位素（相对分子质量小）结合键容易断开。与重同位素相比，轻同位素活性更高，能够更快、更容易在产物中富集。许多生物化合和生物地球化学过程都排斥混合物中的重同位素，这种排斥导致生物化学反应或生物地球化学循环中不同阶段的产物库以及生物对这些库中不同资源的吸收利用都发生了显著的变化。

上述分馏效应对于轻元素，如碳、氢、氧等的丰度影响很大，使这些轻稳定同位素的丰度发生自然变异。如碳稳定同位素自然丰度会因受光合作用、呼吸作用、次生代谢、化学反应、物理化学过程等导致的分馏效应出现明显自然变异，因此光照、水分情况、温度、盐分和营养、空气污染物等环境条件都会对植物碳稳定同位素值产生影响[6]。氢因为质量轻，很容易受水向空气扩散过程、蒸发、冰冻和叶片蒸腾等液-气物态转化过程中产生的分馏效应产生自然界最大范围的稳定同位素丰度变异。氧和氢均是水的组成元素，在水循环过程中两者具有相似的同位素分馏作用，只是^{18}O与^{16}O之间的相对质量差远比D与H之间的相对质量差小，所以表现出的同位素分馏作用比氢同位素的小。氧还是组成CO_2的元素，在植物光合作用中也表现出较明显的同位素分馏现象。在影响很大的大气降水中，氢和氧同位素具有：① 纬度效应，随着纬度的增加δD和$δ^{18}O$值减小；② 大陆效应，降水的δD和$δ^{18}O$值随着向内陆延伸而减小；③ 高度效应，海拔越高降水的δD和$δ^{18}O$值越小；④ 季节效应，冬季的δD和$δ^{18}O$值远比夏季的δD和$δ^{18}O$值小[7]。

7.1.2　锶同位素溯源技术

锶（Sr）位于周期表中第五周期第ⅡA族元素，共包括四个稳定同位素，^{84}Sr、^{86}Sr、^{87}Sr和^{88}Sr，相对丰度分别为82.5845%、7.0015%、9.8566%和0.5574%。其中^{87}Sr是由^{87}Rb（铷）经过β衰变形成的，半衰期为$4.88×10^{10}$年。锶同位素一般用$^{87}Sr/^{86}Sr$的比值来表示。最早，地球化学家用铷-锶同位素体系来研究不同岩石的年龄，之后锶同位素比值开始单独用于追溯不同物质的源区，其原理主要根据下面的公式：

$$\frac{^{87}\text{Sr}}{^{86}\text{Sr}} = (\frac{^{87}\text{Sr}}{^{86}\text{Sr}})_0 + \frac{^{87}\text{Rb}}{^{86}\text{Sr}}(e^{\lambda t}-1) \qquad (7\text{-}1)$$

由于铷和钾同属第ⅠA族、锶和钙同属第ⅡA族，且位置相邻，因此钾和铷有着相近的离子半径，分别为0.133nm和0.147nm，而锶和钙的离子半径也非常接近，分别为0.113nm和0.099nm。相似的化学性质使铷常以类质同象进入含钾矿物（如钾盐、云母和长石等），而锶则以类质同象进入含钙矿物（如碳酸盐等）。由于不同的矿物、岩石富集铷、锶的能力不同，不同的地质体往往具有不同的初始铷/锶比（公式7-1中的$^{87}\text{Rb}/^{86}\text{Sr}$）；不同的地质体具有不同的年龄，体现在式中的$t$，随着时间的演化，会导致不同地质背景的地区具有相异的$^{87}\text{Sr}/^{86}\text{Sr}$比值。

土壤的锶主要继承于其成土母岩，而水体中的锶主要是由冲刷、淋洗其流经区域的岩石和土壤。由于不同性质的岩石（如从基性到酸性成分的火成岩等）中锶同位素组成（$^{87}\text{Sr}/^{86}\text{Sr}$）不同，不同区域的土壤和水体一般具有不一致的锶同位素组成。

锶是重要的与生命相关的元素，大量存在于生命体中，尤其是动物的壳、骨中。农产品（动植物体）中的锶主要来自土壤、水体、食物。一般认为，在生命体吸收锶的过程中，锶同位素组成（$^{87}\text{Sr}/^{86}\text{Sr}$）并不发生变化，即不产生分馏效应。土壤、水体或食物中这种同位素组成的差异会通过各种途径赋存于动植物的体内。因此，植物和动物体内的锶同位素比值在一定程度上取决于当地的地质条件。已有的研究还表明，在后期的加工过程中，大部分农产品的锶同位素在很大程度上不会因为加工工艺的不同而遭到改变。因此，动植物体内的锶同位素组成，可以很好地反映其产地土壤或水体的锶同位素组成。特别是当用来追溯产地的轻稳定同位素（碳、氢、氧、氮）作为动植物体内的主要元素，其同位素组成因易受其生长过程中其他新陈代谢反应影响产生分馏，导致产品的最终成分不能完全反映产地信息。不同地域来源产品因来自气候等差异较小的地区而具有类似的稳定同位素组成时，锶同位素相比之下能提供更准确的与产地相关的信息，对产地判别的效果更好[8]。

7.2 同位素分析方法

7.2.1 样品的采集方法

采集植物样品，一般应采集光合活性强的阳生叶片。比较不同种或不同地区植物间的水分利用效率时，应注意它们之间大气CO_2本底的$\delta^{13}C$值及气候、水分条件是否接近。特别是在森林生态系统中，植物叶片$\delta^{13}C$值存在明显的冠层效应，即愈接近森林地表，植物叶片的同位素贫化（isotopic depletion）效应愈明显。植物叶片样品采集后尽快于70℃左右烘干。采集土壤样品时，则根据具体情况取不同深度的样品，浅表层土壤尽量划分得细些，如0～2cm、2～5cm、5～10cm等。因最表层土壤容易受到人类和生物活动的干扰，所以一般表土样品采集地表下面2～3cm的土壤，此层土壤中的有机质组分经过了长时间的分解，已达到了稳定。土壤样品采集后一般自然风干即可，也可用常规烘箱在70℃左右烘干。

7.2.2 轻稳定同位素样品的处理及测试方法

因为氢氧等轻稳定同位素容易受环境中水分的影响，而且水分加上温度的影响还会加速有机样品的老化。因此，对于需要贮藏一段时间再测试的样品，需要进行针对性的密封保存，具体方法见参考文献［9］。在进行样品稳定同位素测试之前，需要进行一定的预处理，以消除环境中水分对样品氢同位素的影响。

1. 样品的预处理方法

固体样品在进行同位素质谱分析之前必须进行干燥、粉碎、酸处理（碱性土壤）等处理步骤。

（1）干燥：样品可以放在透气性好、耐一定高温的器具或采样袋中，在干燥箱中于60～70℃下干燥24～48h（温度不可太高，以免样品炭化）（注意：烘干的样品要及时研磨或者保持干燥，否则有返潮现象，给磨样造成困难，而且会影响同位素比值）。

（2）粉碎：经过烘干的样品需要粉碎才能进行分析，为了保证样品的均匀，粉碎程度至少要过60目的筛子。粉碎可以用研钵、球磨机或混合磨碎机等来处理。

（3）酸处理：测定碱性土壤中的有机碳同位素，在干燥之前需要进行酸处理，以消除土壤样品中无机碳的影响。具体步骤如下：①取适量研磨过筛后的土壤样品于小烧杯中，加入适量浓度的盐酸（一般为0.5mol/L），由于土壤中的无机碳与盐酸反应产生 CO_2，所以有气泡产生；②反应时间应不少于6h，每隔1h用玻璃棒搅拌一次，使之充分反应，以完全去除土壤中的无机碳，静置，再倒掉上清液；③用去离子水搅拌洗涤，静置，倒掉上清液，重复3~4次，以去除过量盐酸，然后烘干备用。

前期处理好的样品，在分析之前于锡箔帽（锡舟）中用微量天平（如SartorisSE2、Mettler Toledo XP2U等）称量，精确到0.0001mg。称样前，先将所需工具及样品摆放好，所需工具包括样品垫、样品盘、镊子和勺子。调节天平平衡（在称量过程中尽量不碰桌子，以减少对天平的影响），称量时，先将锡舟放进天平内，等数字显示稳定时调零，然后将锡舟取出放在样品垫上，放适量样品至锡舟中，样品的质量根据测定的同位素及样品中的含量而定。记录所称取的样品质量。然后将锡舟用镊子或拇指和食指轻轻用力团成小球。将包好的样品放在专门的样品盘里，并附带一份质量表格，保存（注意：任何时候不能用裸露的双手触摸样品或锡舟。若用手操作，须带无尘橡胶手套）。

2. 样品的汽化、纯化和分离

在传统稳定同位素分析中，所有样品需要转化为可引入同位素比率质谱仪的高纯气体。不同物质中氢、氧、碳、氮、硫等同位素的汽化、纯化和分离方法在一些稳定同位素地球化学相关专著里已有专门介绍（如郑淑蕙等[10]、郑永飞和陈江峰[11]）。一般情况下，稳定同位素样品的预处理包括两个步骤：①样品的氧化分解；②干扰物质的排除。几十年来尽管发展了不同的方法进行有机化合物的同位素组成分析，但基本原理没有改变，即在过量的氧气中将有机物燃烧为二氧化碳和水，将水通过还原法转换成氢气，然后将二氧化碳或者氢气转移到同位素比率质谱仪中进行分析。总的来说，这种方法的制备过程复杂耗时，产生误差的因素很多，对操作人员的技能要求较高，且需要的样品量较大。

3. 样品的测试分析

现代稳定同位素分析中，由于同位素比率质谱仪及其配件自动化程度的不断提高，样品的纯化和分离过程可由与同位素比率质谱仪相耦联的元素分析仪（Elemental Analyzer，EA）、高温裂解元素分析仪（TC/EA）和气相色谱仪（Gas Chromatography，GC）等预处理设备自动完成。将制备好的固体样品约0.05mg（用量根据所测同位素种类及含量而定）装在锡舟内，包裹好后置于取样盘上；水样品可用微量注射器直接注入微管（0.1 ~ 0.5μL）中。然后在高温、真空条件下燃烧，产生CO_2、N_2、N_2O或H_2气体，混合气体经过气相色谱仪的色谱柱后被分开，待测的气体成分（如CO_2、N_2O、H_2、N_2）可直接进入同位素比率质谱仪分析同位表比值。气体样品用特制的样品瓶收集，由氦气充当载气载入，经高温燃烧后再由液氮循环冷冻，以便分离出CO_2和N_2O，再经过气相色谱仪进一步分离，进入同位素比率质谱仪分析。

为了方便比较物质同位素组成的微小变化，测得的数据常用同位素比值（δ值）表示，其定义为：

$$\delta X = \frac{R_{样品} - R_{标准}}{R_{标准}} \times 1000 \tag{7-2}$$

其中X表示某一元素的重同位素原子丰度，如^2H、^{18}O、^{13}C、^{15}N等，R表示某一元素的重同位素原子丰度和轻同位素原子丰度之比，如$^2H/^1H$、$^{13}C/^{12}C$、$^{15}N/^{14}N$、$^{18}O/^{16}O$等。它表示样品中两种同位素比值相对于某一标准对应比值的相对千分差。当δ值大于零时，表示样品的重同位素比标准物富集，小于零时则表示比标准物贫化。δ值能清晰地反映同位素组成的变化。

7.2.3 锶同位素测试的样品处理及测试方法

样品的消解：将大块固体样品剪碎置于石英烧杯中，称重，加入 ^{84}Sr 稀释剂，电热板蒸干后转移马弗炉中灰化样品，300℃保持2小时，升温至500℃保持4小时，样品完全灰化为白灰状，加少量浓硝酸（MOS级再亚沸蒸馏纯化）溶解灰化残渣，转移至PFA溶样罐中，密封180℃ 12小时，150℃开盖蒸干酸液，加入1mL的6mol/L的盐酸溶液再蒸干，使样品转化为氯化物形式；如样品为液体状态，称重样品，加入稀释剂后蒸干再进入马弗炉灰化，灰化过程相同。

离心分离：将1.5mL 0.5mol/L盐酸加入溶样罐中微热，溶解样品并转移到塑料离心管中，在离心机上离心8分钟，上层离心清液备锶分离，下部残渣弃去。

铷、锶总稀土元素（REE）的分离：上层清液加入到处理好的分离柱中，等柱中溶液流完后，用少量高纯水对称冲洗分离柱的四角。用10mL 1.75mol/L的盐酸溶液淋洗钙、镁、铁等离子弃去，再改用14mL 2.5mol/L 的盐酸溶液淋洗接取锶于石英烧杯中蒸干，备热电离质谱仪（TIMS）分析。

锶同位素点样：锶同位素采用单铼带测量。将制好的样品加入一滴高纯水溶解，点于铼带上。加电流至1A 左右，直至蒸干。全部样品分三至四次点完，一次2～5μL。待全部样品点完蒸干后，加一滴发射剂，保持电流为1A，直至蒸干。最后缓慢加电流至2.5A，维持3至5秒后降至零。

TIMS测量：锶同位素采用静态多接收方式测量。锶同位素比值测定过程中的分馏效应采用 $^{88}Sr/^{86}Sr=8.375209$ 进行正规化校正。通过样品量及加入的稀释剂量计算样品中的锶含量[12]。

7.3　同位素分析应用

7.3.1　纺织纤维的稳定同位素比值分析

　　因为丝纤维来自蚕茧，而产地明确的蚕茧样品相对易得，因此，自2016年至2020年收集了中国传统四大丝绸生产大省山东（24个）、江苏（21个）、浙江（38个）及四川省（51个）共计26市134个产地（到村）的桑蚕茧进行稳定同位素比值分析。

　　图7.1是中国传统丝绸四大产区所收集桑蚕茧氢同位素比值的分布直方图。从图中可以看出，不同地区所收集桑蚕茧的氢稳定同位素比值相差很大。其中山东省所产桑蚕茧的δD的变化范围

图7.1　四省桑蚕茧的氢稳定同位素比值

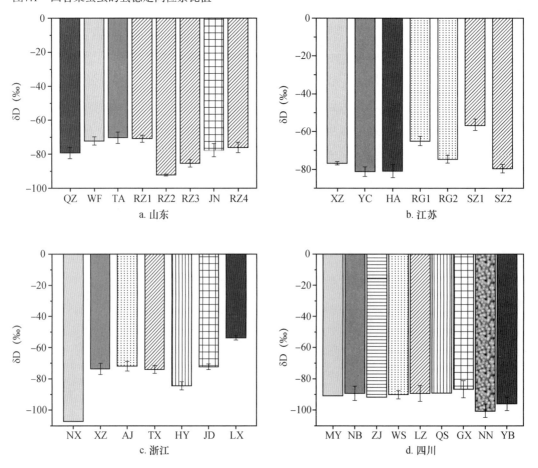

为-92.711‰~-66.706‰，平均值为-76.136‰；江苏省所产桑蚕茧的δD的变化范围为-84.156‰~-54.208‰，平均值为-74.864‰；浙江省产桑蚕茧的δD的变化范围为-108.412‰~-52.612‰，平均值为-76.821‰；四川省产桑蚕茧的δD的变化范围为-106.128‰~-84.140‰，平均值为-94.357‰。位于内陆的四川省的桑蚕茧的δD平均值明显要比距离海岸线较近的山东省、江苏省及浙江省的桑蚕茧的δD平均值低得多（近20‰），与大气降水δD受大陆效应影响的变化趋势一致。说明尽管亚地区之间因为受海拔、纬度、季节等的影响δD值可能也有很大的差异（浙江省的样品差异尤其大），但这些影响没有大过大陆效应的影响，δD值可以用来区分海陆差别比较大的产区所产丝纤维。

图7.2是中国传统丝绸四大产区所收集桑蚕茧氧同位素比值的

图7.2　四省蚕茧的氧稳定同位素值

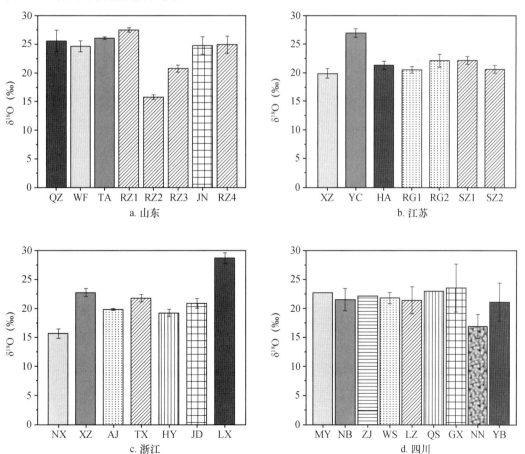

分布直方图。从图中可以看出，不同地区所收集桑蚕茧的氧稳定同位素比值相差也很大。其中山东省所产桑蚕茧的δ^{18}O的变化范围为15.365‰～27.871‰，平均值为24.683‰；江苏省所产桑蚕茧的δ^{18}O的变化范围为19.216‰～27.695‰，平均值为22.361‰；浙江省产桑蚕茧的δ^{18}O的变化范围为15.189‰～29.451‰，平均值为21.245‰；四川省产桑蚕茧的δ^{18}O的变化范围为14.181‰～26.008‰，平均值为20.167‰。与氢同位素类似，位于内陆的四川省的桑蚕茧的δ^{18}O平均值明显要比距离海岸线较近的山东省、江苏省及浙江省的桑蚕茧的δ^{18}O平均值低（低1‰以上），与大气降水δD受大陆效应影响的变化趋势一致。也说明δ^{18}O值可以用来区分海陆差别比较大的产区所产丝纤维。

图7.3是中国传统丝绸四大产区所收集桑蚕茧碳同位素比值

图7.3　四省蚕茧的碳稳定同位素值

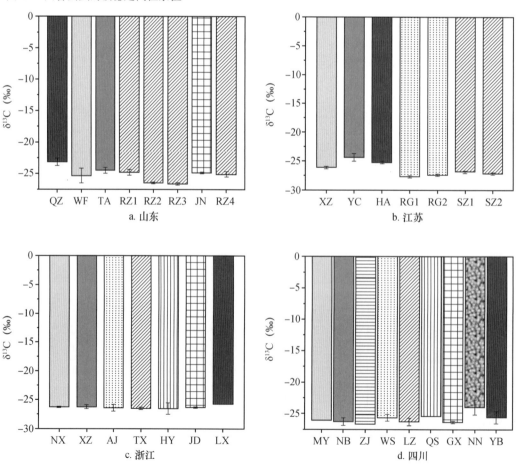

的分布直方图。从图中可以看出，不同地区所收集桑蚕茧的碳稳定同位素比值也存在一定差异。其中山东省所产桑蚕茧的$\delta^{13}C$的变化范围为-28.844‰ ~ -22.568‰，平均值为-24.727‰；江苏省所产桑蚕茧的$\delta^{13}C$的变化范围为-27.753‰ ~ -23.699‰，平均值为-26.053‰；浙江省产桑蚕茧的$\delta^{13}C$的变化范围为-27.657‰ ~ -25.708‰，平均值为-26.304‰；四川省产桑蚕茧的$\delta^{13}C$的变化范围为-27.816‰ ~ -23.340‰；平均值为-25.809‰。降水量小的山东省（年降水量在800mm以下）的桑蚕茧的$\delta^{13}C$平均值明显要比其他三个降水量相对大的江苏省、浙江省及四川省（年均降水量都在800mm以上）的桑蚕茧的$\delta^{13}C$平均值高（高1‰以上），这种明显的差异反映了蚕所摄食桑叶的光合作用受水分胁迫的影响，即环境水分越少，光合作用越低，$\delta^{13}C$越大。说明$\delta^{13}C$值可以用来区分降水量差别比较大的产区所产丝纤维。

表7.1列出了两个出土于不同地区的丝织品文物样的稳定同位素值。从中可以看出，不同地区出土的丝织品文物样的稳定同位素的比值有着较大的差别，其中S7-1（出土于山东）的δD、$\delta^{18}O$、$\delta^{13}C$及^{15}N值均低于S7-2（出土于浙江）的δD、$\delta^{18}O$、$\delta^{13}C$及$\delta^{15}N$值。两个样的δD与$\delta^{18}O$及$\delta^{15}N$值相差显著，其中δD的值相差30‰以上，$\delta^{18}O$值相差3‰以上，$\delta^{15}N$值相差5‰以上，反映出了明显的地域差异。山东出土的样品相对浙江出土的样品元素中重同位素都相对贫化。

比较上述现代桑蚕茧样与出土丝织品文物样的δD、$\delta^{18}O$、$\delta^{13}C$值发现，S7-1的δD值（-95.084‰）不在山东省所产蚕茧样δD值（-92.711‰ ~ -66.706‰）及江苏省δD值（-84.156‰ ~ -54.208‰）范围内，而在浙江省δD值（-108.412‰ ~ -52.612‰）及四川省δD值（-106.128‰ ~ -84.140‰）范围内；其$\delta^{18}O$值（15.516‰）不在江苏省所产桑蚕茧的$\delta^{18}O$值范围（19.216‰ ~ 27.695‰），在

表7.1 丝织品文物样的稳定同位素比值

编号	样品	同位素δ值（‰）			
		D	^{18}O	^{13}C	^{15}N
1	S7-1	-95.084	15.516	-23.492	4.856
2	S7-2	-61.643	18.857	-23.209	10.136

其他三省所产桑蚕茧$\delta^{18}O$的变化范围。S7-2的δD值（-61.643‰）不在山东省所产蚕茧样δD值（-92.711‰ ~ -66.706‰）及四川省δD值（-106.128‰ ~ -84.140‰）范围内，在浙江省δD值（-108.412‰ ~ -52.612‰）及江苏省所产蚕茧样δD值（-84.156‰ ~ -54.208‰）范围内；其$\delta^{18}O$值（18.857‰）也不在江苏省所产桑蚕茧的$\delta^{18}O$值范围（19.216‰ ~ 27.695‰），在其他三省所产桑蚕茧$\delta^{18}O$的变化范围。这两个不同地区出土丝织品文物样的$\delta^{13}C$值均不在这四个省所产桑蚕茧的$\delta^{13}C$值范围内。

从蚕茧到丝织品文物主要可能经历脱胶、染色、老化及污染等过程导致的稳定同位素比值变化。因此上述丝织品文物样的稳定同位素比值可能在这些过程中发生变化。考虑到上述文物样测试前已经经过彻底的清洗处理，其染色与污染的影响基本得到清除，因此考虑上述出土丝织品文物样同位素值主要受脱胶及老化过程的影响。

研究发现，脱胶过程会使大多数蚕丝纤维的δD值（平均小6.7‰左右）及$\delta^{18}O$值（平均小4.4‰左右）变小[13]，反映氢氧元素的重轻同位素在丝纤维不同结构组分中的存在有所差异，其中结晶度较低的丝胶蛋白可能更多富集重同位素，结晶度较高的丝素蛋白可能更多富集轻同位素；而老化使大多数蚕丝纤维的δD值明显变大（大20‰以上）、$\delta^{18}O$值变小（平均小3‰左右）、^{13}C值变大（最大可达2‰）[14]，反映了氢氧碳元素同位素的重轻同位素在各种环境因素导致的老化反应中出现了动力学分馏。其中组成丝纤维晶区主链的碳与氢元素因为在老化反应中不太容易受到影响，断键相对更多发生在移动性较强的轻同位素上，因此在老化残余样品中氢与碳的重同位素相对富集；而在老化残余样品中出现氧的轻元素相对富集，其可能的原因分析如下：主要构成丝纤维非晶区活性基团的氧元素中本身重同位素含量就高（类似于丝胶），而且因为本身活性相对较高，重轻同位素在老化过程都容易发生断键，加上老化大多首先发生在丝纤维的非晶区，因此老化过程中氧的重同位素因断键出现流失的现象也相对较高，使得最终老化残余样品中出现氧的重元素相对贫化，$\delta^{18}O$值变小。

排除脱胶及老化过程可能导致的影响，上述S7-1的δD

（-95.084‰）仍明显偏小，如果不考虑历史时期地域温度变化的影响，则其可能不产于山东省或江苏省。但是，研究表明战国时期的山东温度较现代要高[15]，而大气降水中的氢氧等的同位素δ值与温度呈负相关关系，加上局地降水中的同位素成分不仅与局地参数（如局地气温、降水量）相关，而且还与降水气团的整个演化过程相关[16]，因此难以判断S7-1是否产于山东省。而从S7-2的δD值（-61.643‰，落于四省相应数据范围之内）则更不能肯定其产于所研究的四省中的任一个。相比较现代蚕茧样而言，S7-1及S7-2的δ^{18}O值明显偏小，^{13}C值偏大，一定程度上反映了脱胶及老化的影响。只是根据这些值仍无法判定这两个文物样的可能产地。

因此，虽然对于现代纺织纤维可能根据其受大陆效应、降水等因素的影响利用稳定同位素大致进行产地的判别，但对于古代纺织纤维样难以实现相对准确的判别，还需要考虑其他因素的影响。

7.3.2　纺织纤维的锶同位素值分析

表7.2列出了中国七个省多个代表性种桑养蚕地区的蚕茧和生丝中锶同位素比值及丰度值，基本涵盖了中国从北（N36.4°）到南（N21.7°），从东（E120.7°）到西（E103.8°）境内的主要丝纤维产地。

如前所述，在生命体吸收锶的过程中，锶同位素组成（^{87}Sr/^{86}Sr）一般并不发生变化，土壤、水体或食物中的同位素组成的差异会通过各种途径赋存于动植物的体内。因此，植物和动物体内的锶同位素比值在一定程度上取决于当地的地质条件。从表7.2可以看出，只有产自江苏南通如皋的蚕茧^{87}Sr/^{86}Sr值在0.710以下，反映出其幔源物质来源的特点，其他样品中的^{87}Sr/^{86}Sr值都在0.710以上，属于壳源物质来源。来自陕西两个蚕茧样品虽然取于不同季节（春茧和秋茧），但其^{87}Sr/^{86}Sr值并未受季节影响而产生影响，仅相差0.000189，属于基本无变化，验证了锶同位素在桑蚕的生命过程中不易发生分馏效应，是进行丝纤维产地溯源的有效工具。

来自浙江的三个桑蚕茧（杭州、嘉兴的桐乡与海宁）虽然同属浙江的样品，但杭州的蚕茧中^{87}Sr/^{86}Sr值明显高于来自桐乡与海

表7.2　中国多地桑蚕茧及生丝中锶同位素比值及丰度

地点	经纬度（°）	土壤类型	$^{87}Sr/^{86}Sr \pm 2\sigma$	Sr（μg/g）
陕西安康汉阴[a]	N108.5；E32.9	黄棕壤	0.712350 ± 12	2.00
陕西安康汉阴[b]	N108.5；E32.9	黄棕壤	0.712161 ± 12	2.01
山东潍坊高密	N119.8；E36.4	褐/潮土	0.711959 ± 15	1.68
江苏南通如皋	N120.6；E32.4	水稻土	0.709788 ± 16	1.75
浙江杭州江干	N120.2；E30.3	水稻土	0.711302 ± 19	1.40
浙江嘉兴桐乡	N120.5；E30.6	红壤	0.710767 ± 18	1.27
浙江嘉兴海宁	N120.7；E30.5	红壤	0.710454 ± 11	1.35
浙江嘉兴海宁[c]	N120.7；E30.5	红壤	0.710316 ± 14	6.91
浙江湖州[c]	N120.1；E30.9	红壤	0.710326 ± 13	6.53
四川南充南部	N106.1；E30.7	紫色土（中性）	0.711076 ± 10	1.21
四川眉山青神	N103.8；E29.8	泥沼土	0.710002 ± 20	1.67
广西河池宜州	N108.4；E24.3	石灰土	0.710151 ± 12	0.31
广东茂名	N110.9；E21.7	赤红壤	0.728001 ± 12	1.71

注：a：春茧；b：秋茧；c：生丝。

宁的（高0.000535以上），而桐乡与海宁的桑茧的$^{87}Sr/^{86}Sr$值相差较小，仅0.000313，这可能跟样品产地土壤类型有关，杭州的蚕茧产地属水稻土，桐乡与海宁的蚕茧产地属红壤。产自海宁的蚕茧与生丝的锶同位素比值相差很小，仅0.000138，说明缫丝工艺过程对丝纤维的锶同位素比值不会产生大的影响，但两者的锶同位素含量相差明显（5.56μg/g），说明缫丝工艺可能导致丝纤维的锶丰度增大。产自湖州的生丝样品与产自海宁的生丝中$^{87}Sr/^{86}Sr$值相差仅0.000010，差异非常小，反映了湖州和海宁的生丝中锶同位素比值相同，这可能跟两个产地土壤类型相同有关。同样来自四川（南充与眉山）的两个蚕茧样的$^{87}Sr/^{86}Sr$相差0.001074，属于显著差异，这也可能跟两个地区土壤类型不一样有关系（一为中性紫色土，一为水成的泥沼土）。一般认为偏酸性的硅酸盐风化来源土壤如赤红壤、黄棕壤及褐/潮土的$^{87}Sr/^{86}Sr$比值要高于偏碱性的碳酸盐岩风化来源的石灰土及中性泥沼土等[17]。正如表7.2四川眉山（泥沼土）及广西河池（石灰土）所产蚕茧的$^{87}Sr/^{86}Sr$值远低于广东茂名（赤红壤）、陕西安康（黄棕壤）及山东潍坊（褐/潮土）所产蚕茧的$^{87}Sr/^{86}Sr$值。其中产自具赤红壤的广东省的蚕茧中

^{87}Sr/^{86}Sr值为0.728001，显著高于其他各地桑蚕茧及生丝中^{87}Sr/^{86}Sr值（0.709788~0.712350）。以上结果表明，丝纤维中的锶同位素比值反映出了明显的地区差异性。

从表7.2的锶丰度值可以发现，其中相同省份同种样品中的锶含量保持一致，浙江省不同地区生丝中的锶含量比较接近，分别是6.53μg/g和6.91μg/g；陕西省春秋两季的桑蚕茧中锶含量分别是2.00μg/g和2.01μg/g。相比之下，产自相对偏酸性土壤中的蚕茧（2μg/g左右）中的锶含量要明显高于产自相对偏碱性土壤中的蚕茧（小于0.5μg/g），说明一定程度上也可借助锶含量值的不同区分出丝纤维的产地。当然实际应用时还需要排除工艺过程、污染等同位素混合效应的影响。

综上可知，仅利用以氢、氧、碳等同位素为代表的稳定同位素进行纺织纤维，特别是古代纺织纤维的产地溯源可能因气候年份易发生明显的分馏及老化等引起较大差异而比较困难，结合锶同位素技术，利用^{87}Sr/^{86}Sr值及锶丰度具有明显的地区差异性且不易发生分馏效应的特点，可进行纺织纤维产地的溯源研究。

参 考 文 献

[1]　郑永飞，陈江峰. 稳定同位素地球化学. 北京：科学出版社，2000.

[2]　林光辉. 稳定同位素生态学. 北京：高等教育出版社，2013；Faure G, Mensing T M. Isotopes: Principles and Applications. Hoboken: John Wiley & Sons Inc, 2005.

[3]　Chantilly V, Cole D R. Stable Isotope Geochemistry. Boston: Geological Society of America, 2001.

[4]　Li C , Dong H , Luo D H, et al. Recent Developments in Application of Stable Isotope and Multi-Element Analysis on Geographical Origin Traceability of Cereal Grains. Food Analytical Methods, 2016, 9(6): 1512-1519；项洋，柴沙驼，郝力壮，等. 化学方法在农产品产地溯源中的研究进展. 食品工业科技，2015，36（20）：373-378.

[5]　Michener R, Lajtha K. Stable Isotopes in Ecology and Environmental Science. Oxford: Blackwell Publishing, 2007.

[6]　冯虎元，安黎哲，王勋陵. 环境条件对植物稳定碳同位素组成的影响. 植物学通报，2000，17（4）：312-318.

[7]　Michener R, Lajtha K. Stable Isotopes in Ecology and Environmental Science. Oxford: Blackwell Publishing, 2007.

［ 8 ］ 林光辉. 稳定同位素生态学. 北京：高等教育出版社，2013.

［ 9 ］ 周旸，杨海亮，郑海玲. 一种针对碳氮同位素检测的桑叶及桑枝真空抗菌贮存方法，CN202010672603，2020.

［10］ 郑淑蕙，郑斯成，莫志超. 稳定同位素地球化学分析. 北京：北京大学出版社，1986.

［11］ 郑永飞，陈江峰. 稳定同位素地球化学. 北京：科学出版社，2000.

［12］ 韩丽华. 稳定同位素技术在桑蚕丝织溯源中的应用研究初探. 杭州：浙江理工大学硕士学位论文，2018.

［13］ 卢张鹏. 桑蚕营养传输及丝织品清洗过程中轻稳定同位素变化的初步研究. 杭州：浙江理工大学硕士学位论文，2019；路婧中. 桑蚕营养传输及丝织品后处理过程中轻稳定同位素变化的研究. 杭州：浙江理工大学硕士学位论文，2020.

［14］ 韩丽华. 稳定同位素技术在桑蚕丝织溯源中的应用研究初探. 杭州：浙江理工大学硕士学位论文，2018；路婧中. 桑蚕营养传输及丝织品后处理过程中轻稳定同位素变化的研究. 杭州：浙江理工大学硕士学位论文，2020.

［15］ 葛全胜，方修琦，郑景云. 中国历史时期温度变化特征的新认识——纪念竺可桢《中国过去五千年温度变化初步研究》发表30周年. 地理科学进展，2002，21（4）：311-317.

［16］ 章新平，姚檀栋. 我国部分地区降水中氧同位素成分与温度和降水量之间的关系. 冰川冻土，1994，16（1）：31-39.

［17］ 孙向阳. 土壤学. 北京：中国林业出版社，2005；康露，朱靖蓉，赵多勇，等. 锶同位素溯源若羌灰枣产地的可行性研究. 新疆农业科学，2017，54（6）：1066-1075.

附录 文物样品信息索引表

第二章
文物样品信息索引表

序号	编号	名称	年代	出土地点
1	S2-1	紫绢	隋唐	甘肃敦煌莫高窟
2	S2-2	麻织物	隋唐	甘肃敦煌莫高窟
3	S2-3	蓝色棉布	隋唐	甘肃敦煌莫高窟
4	S2-4	本色毛褐	隋唐	甘肃敦煌莫高窟
5	S2-5	腰衣	青铜时代	新疆若羌罗布泊小河墓地
6	S2-6	斗篷	青铜时代	新疆若羌罗布泊小河墓地
7	S2-7	毡帽	青铜时代	新疆若羌罗布泊小河墓地
8	S2-8	斗篷	青铜时代	新疆若羌罗布泊小河墓地
9	S2-9	项链	青铜时代	新疆若羌罗布泊小河墓地
10	S2-10	斗篷	青铜时代	新疆若羌罗布泊小河墓地
11	S2-11	斗篷	青铜时代	新疆若羌罗布泊小河墓地
12	S2-12	斗篷	青铜时代	新疆若羌罗布泊小河墓地
13	S2-13	腰衣	青铜时代	新疆若羌罗布泊小河墓地
14	S2-14	斗篷	青铜时代	新疆若羌罗布泊小河墓地
15	S2-15	斗篷	青铜时代	新疆若羌罗布泊小河墓地
16	S2-16	腰衣	青铜时代	新疆若羌罗布泊小河墓地
17	S2-17	腰衣	青铜时代	新疆若羌罗布泊小河墓地
18	S2-18	腰衣	青铜时代	新疆若羌罗布泊小河墓地
19	S2-19	斗篷	青铜时代	新疆若羌罗布泊小河墓地
20	S2-20	斗篷	青铜时代	新疆若羌罗布泊小河墓地
21	S2-21	斗篷	青铜时代	新疆若羌罗布泊小河墓地
22	S2-22	斗篷	青铜时代	新疆若羌罗布泊小河墓地
23	S2-23	斗篷	青铜时代	新疆若羌罗布泊小河墓地
24	S2-24	斗篷	青铜时代	新疆若羌罗布泊小河墓地
25	S2-25	斗篷	青铜时代	新疆若羌罗布泊小河墓地

序号	编号	名称	年代	出土地点
26	S2-26	斗篷	青铜时代	新疆若羌罗布泊小河墓地
27	S2-27	毡帽	青铜时代	新疆若羌罗布泊小河墓地
28	S2-28	斗篷	青铜时代	新疆若羌罗布泊小河墓地
29	S2-29	腰衣	青铜时代	新疆若羌罗布泊小河墓地
30	S2-30	斗篷	青铜时代	新疆若羌罗布泊小河墓地
31	S2-31	斗篷	青铜时代	新疆若羌罗布泊小河墓地
32	S2-32	斗篷	青铜时代	新疆若羌罗布泊小河墓地
33	S2-33	腰衣	青铜时代	新疆若羌罗布泊小河墓地
34	S2-34	腰衣	青铜时代	新疆若羌罗布泊小河墓地
35	S2-35	斗篷	青铜时代	新疆若羌罗布泊小河墓地

第三章
文物样品信息索引表

序号	编号	名称	年代	出土地点
1	S3-1	绢	东周	江西靖安李洲坳墓
2	S3-2	方孔纱	东周	江西靖安李洲坳墓
3	S3-3	方孔纱	东周	江西靖安李洲坳墓
4	S3-4	经幡	隋唐	甘肃敦煌莫高窟
5	S3-5	漆纱	汉代	山东日照海曲汉墓
6	S3-6	"无极"锦	汉晋	中国丝绸博物馆（收藏）
7	S3-7	毛织物	汉晋	新疆尉犁营盘墓地
8	S3-8	丝绸残片	春秋	浙江安吉五福一号墓
9	S3-9	丝绸残片	隋唐	乌兹别克斯坦费尔干纳蒙恰特佩墓地

第四章
文物样品信息索引表

序号	编号	名称	年代	出土地点
1	S4-1	菱格花卉纹刺绣绢裤	汉晋	新疆营盘墓地
2	S4-2	裹头绢	汉晋	新疆营盘墓地
3	S4-3	颌下系锦带	汉晋	新疆营盘墓地
4	S4-4	刺绣枕	汉晋	新疆营盘墓地
5	S4-5	刺绣残片	汉晋	新疆营盘墓地
6	S4-6	锦	汉晋	新疆营盘墓地
7	S4-7	绮	汉晋	新疆营盘墓地

序号	编号	名称	年代	出土地点
8	S4-8	锦缘	汉晋	新疆营盘墓地
9	S4-9	间色毛裙	汉晋	新疆营盘墓地

第五章
文物样品信息索引表

序号	编号	名称	年代	出土地点
1	S5-1	环首铁刀纺织品矿化样	西汉	陕西兴平茂陵三区甾位墓地
2	S5-2	环首铁刀纺织品矿化样	西汉	陕西兴平茂陵三区甾位墓地
3	S5-3	纺织品泥化样	南宋	广东南海Ⅰ号沉船遗址
4	S5-4	羊毛织物	未知	哈萨克斯坦
5	S5-5	丝织品	战国	浙江安吉五福一号墓
6	S5-6	丝织品	南宋	浙江余姚史嵩之墓

第六章
文物样品信息索引表

序号	编号	名称	年代	出土地点
1	S6-1	丝织品	战国	浙江安吉五福一号墓
2	S6-2	丝织品	魏晋	西藏加嘎子墓地
3	S6-3	丝织品	清	北京
4	S6-4	丝织品	明	江西南昌明代吴氏墓
5	S6-5	丝织品	南宋	浙江余姚史嵩之墓
6	S6-6	丝织品	魏晋	新疆库尔勒营盘墓地
7	S6-7	丝织品	战国	浙江安吉
8	S6-8	丝织品	清	浙江杭州四眼井墓
9	S6-9	丝织品	南宋	江西德安周氏墓葬
10	S6-10	丝织品	南宋	浙江黄岩赵伯澐墓
11	S6-11	丝织品	汉	浙江杭州
12	S6-12	丝织品	战国	山东青州兴旺庄墓

第七章
文物样品信息索引表

序号	编号	名称	年代	出土地点
1	S7-1	丝绸残片	战国	山东青州兴旺庄墓葬
2	S7-2	丝绸残片	南宋	浙江余姚史嵩之墓葬